U0186828

饌
工广®

1+1 non fa (sempre) 2

1+1 不总 等于2

有趣的数学思维

[英] 约翰·大卫·巴罗 (著)

李骁阳 (译)

SPM
南方传媒

广东人民出版社

·广州·

图书在版编目（CIP）数据

1+1不总等于2 /（英）约翰·大卫·巴罗著；李骁阳译. — 广州：
广东人民出版社，2024.6
书名原文：1 + 1 non fa (sempre) 2
ISBN 978-7-218-17399-3

Ⅰ. ①1… Ⅱ. ①约… ②李… Ⅲ. ①数学—普及读物
Ⅳ. ①O1-49

中国国家版本馆CIP数据核字（2024）第043239号

版权登记号：19-2024-013

© 2020 by Società editrice il Mulino, Bologna
本书中文简体版专有版权经由中华版权代理有限公司授予北京创美时代国际文化
传播有限公司。

1+1 BU ZONG DENGYU 2
1+1不总等于2

［英］约翰·大卫·巴罗　著　李骁阳　译　　　　　　版权所有　翻印必究

出 版 人：肖风华

责任编辑：吴福顺
责任技编：吴彦斌　马　健

出版发行　广东人民出版社
地　　址：广州市越秀区大沙头四马路10号（邮政编码：510199）
电　　话：（020）85716809（总编室）
传　　真：（020）83289585
网　　址：http://www.gdpph.com
印　　刷：天津丰富彩艺印刷有限公司
开　　本：787毫米 × 1092毫米　　1/32
印　　张：5.75　　字　数：84千
版　　次：2024年6月第1版
印　　次：2024年6月第1次印刷
定　　价：39.80元

如发现印装质量问题，影响阅读，请与出版社（020-85716849）联系调换。
售书热线：（010）59799930-601

如果有人认为数学并不简单，这只是因为他还没有理解生活有多么复杂。

——约翰·冯·诺依曼（John von Neumann）

意大利语版译者序

　　在翻译这本书的过程中，对于一些专有名词和数学知识密集的段落，我请教了我的朋友亚历山德罗·朱利亚尼（Alessandro Giuliani），我十分感谢他。我还要感谢卡洛·托法洛里（Carlo Toffalori）在编辑方面的帮助，他不但帮助我发现了译文中有关专有名词的错误，还为原文提出了一些重要的补充内容。对此，原作者也十分赞叹并欣然接受。我们都可以从这本书里学到有趣的数学知识，我个人更是受益颇多。

皮诺·唐伊（Pino Donghi）

前　言

　　你们正在阅读的这本书将会是我的最后一部作品，我今后不会再出书了。这本书探讨的是数字，就是我们平时数数时会用到的数字。在很多人心中，像"1+1=2"这样的运算实在是过于简单，甚至不值一提。不过，我们将一起探索这个最基础的加法运算式中所蕴含的一些复杂性，还有不同事物在相加时展现出的微妙特性。在这个过程中，我们会接触到19世纪以及20世纪中一些探讨了同样问题的伟大数学发现，体会到数学家们是如何思考并解决这些课题的，同时真正了解数字和运算的深层内涵。在探讨中，我们会对一些不寻常的事物展开思考，比如数字无穷大时如何相加，还会探寻将其视为数学学科一部分的可行性。另外，我们还会对哥德尔不完备性定理这个举世闻名的理论进行探讨。最后，通过分析，我们会得到一个关于数学究竟为何物的答案——数学是被发现的还是被发明的？不过，在开始之前，我们要先从无数前人发展并丰富过的数字系统和不同的计数方法开始，从认识"1"到再加上"1"从而得到"2"开始。前人们是怎样在计数领域不断进步的？我们会发现不同的民族都开拓了各自独有的计数方法，但几乎都是从"1"和"2"开始，到最后殊途同归于十进制系统——这正是从人类双手的十根手指而来。最后，通过西蒙·纽康（Simon Newcomb）的研究成果，也就是如今被熟知的本福特定律，我们会认识到关于"1"和"2"这两个数字一些此前从未被注意到的独特魅力，观察到这两个数字是如何生动地反映这个真实的世界的。

　　数字只是我生活的一部分，更重要的是我身边的亲人。其中最重要的当数我亲爱的妻子伊丽莎白——我们在 55 年前第一次相遇，如今我们结婚也已超过 45 载；还有我们的儿子大卫和他的妻子艾玛、我们的另一个儿子罗杰和他的妻子苏菲、我们的女儿路易丝和她的丈夫斯蒂芬；当然还有我可爱的孙辈们，蒂利、达西、马勒、盖和波皮。

在这里，我要特别感谢我的儿子罗杰，感谢他在这段困难的日子里用尽全力给了我们夫妻莫大的帮助。我还要感谢皮诺和乔，感谢他们对这本译作的发行所付出的努力，感谢他们与数学家们一道完成了本书的翻译。没有他们的贡献，就没有这本书的出版。愿上帝保佑他们！

"就像一股洪流，我们暂时被一块巨石隔开。分别是暂时的，我相信我们终会重逢。"（《古今诗赋》，阿瑟·韦利）。

约翰·大卫·巴罗（John D. Barrow）

目录 CONTENTS

第 1 章
1+1：真的有那么难吗？

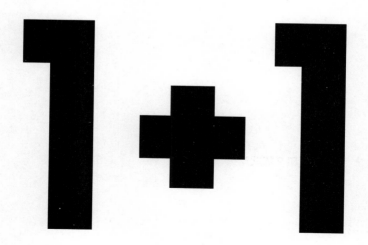

一就是一，它是那么孤独；

它将永远这样孤独。

——《灯芯草长得绿油油，哦》

（英国民歌）

　　我们每个人在刚刚踏进小学课堂后就会遇到人生中的第一个算式——"1+1=2"。这是数学学习的第一步，也是这本书将要探讨的内容。你也许会问，这有什么好讨论的呢？这难道不是一个显而易见的结论吗？其实，我们对于"2"的定义似乎过于简单了。如果我们仔细地端详这个等式，我们会意识到它所表达的似乎另有深意。一个梨加一个苹果等于多少？是两个什么呢？不是两个梨也不是两个苹果。我们可以将结果简单地概括为两个东西吗？算式里的加号和等号又究竟是什么意思呢？它们所代表的真实含义到底是什么呢？如果我们把两条形状完全相同但是位置相反的波浪相加，那么其中一条波浪的顶端恰恰是另一条的底端，最终我们得到的不是两条波浪，而是零。如果我们将一个无穷小的数和另一个无穷小的数相加，我们就有了两个无穷小的数……得到的还是无穷小。如果我们用一个无穷大的数加上另一个无穷大的数，得到的依然是无穷大。这些例子都不符合"一和一的相加就得到二"这一原理。这也许令人感到困扰，有些事物并不像看上去那样简单。所以说，应当存在一些规则，使得两个单独的物体相加，最终得到"2"这个结果。

世界上所有的数字体系，以及在其基础上建立起来的科技体系，其实都是从"1+1"发展而来的。不过，在许多原始的数学体系中，其内部的进化并不是从简单且重复的"1"的相加而来，而是把手指或脚趾的数量当作参考，从而更好地记忆"5""10"和"20"这些数字。在英语中，"2"有着特殊的地位，我们可以找到大量指代"2"这一含义的单词：一双（pair），二重唱

（duo），一对（brace），双倍（double），双生（twin），二重奏（duet），两个（couple），轭（yoke），二人组（twosome），对子（dyad），双人（tandem），粒子对（duplet）和两（twain）。在日常生活里，这些单词都表达着有关"2"的特定含义。比如：英语里我们说"一对（brace）野鸡""一轭（yoke，此处"轭"用于形容同轭的一对动物）两牛""一副（pair）手套"或者"一对（couple）舞者"，但是不能用"brace"来修饰鞋子或者用"couple"来修饰手套。[①] 这表明在英语中表达"2"这个含义的量词，要根据所修饰名词的不同而改变。随着数字阶梯拾级而上，我们在意大利语中只能找到少量的关于"3"的词汇，而且这些词在日常生活中很少被用到；而到了"7"或者"11"这样的数字，基于它们而来的词可谓难寻踪迹。这一现象还广泛存在于英

---

① 在意大利语中，人们不会用"coppia"（一对）来修饰手套或者所有衣物类的名词，而是用"paio"（一副）。不过意大利语也会偶尔使用"coppia"来修饰牛，尽管"giogo"（一轭）确实被更广泛地使用。总的来看，在意大利语中关于"2"这个概念所用的量词也是变化多端的。（本书注释均为意大利语版译者皮诺·唐伊所注。）

语、法语、德语和意大利语这四门欧洲语言的序数词中。以意大利语为例,"一"和"第一"写作 uno 和 primo,"二"和"第二"则写作 due 和 secondo,但是"三"和"第三"写作 tre 和 terzo,"四"和"第四"写作 quattro 和 quarto。可以看出,前两对从字形上看并无明显关联,而我们一眼就能发现后两对的同根性。在另外三种语言中,这一现象也十分明显:

英语: one/first, two/second, three/third, four/fourth……

法语: un/premier, deux/second(或 deuxième), trois/troisième, quatre/quatrième……

德语: ein/erste, zwei/ander(或 zweite), drei/dritter, vier/vierte……

意大利语: uno/primo, due/secondo, tre/terzo, quattro/quarto……

在所有已知的印欧语系语言里,大于 4 的数字可以用作名词,但是绝不会被用作可以根据被描述事物的不同而变化自身形式的形容词。这一现象印证了一个自古即有的概念,也就是单独个体或者一对物体与无穷大的对立关系。这源自人类对 1、2、3、4 甚至 5 这些数字有着一望便知的能力，也就是我们可以瞬间就辨别出面前摆放着的 1、2、3、4 或者 5 件物品，无须笨拙地一个一个去数。但只要数量在这个基础上增加，我们就丧失了这种即时的数量感知能力，而必须依次数清这些物体的数量，或者将多件物体分成几组来掌握它们的数量信息。一个很明显的例子就是手机号码，我们会通过在这一长串数字中加入空格将它们分成三四个数字一组的形式，从而在短时间内记住这串号码。换句话说，这种分割也许来源于人类曾习惯弯曲除大拇指以外的四根手指来协助计数。比如在很多文明中，四根手指的宽度也被用于长度单位。[①] 在英语中，表示"数字"这一含义的单词"digit"就来源于"手指"。如今，在品尝威士忌时，我们仍会用到"一指"这个概念来表达加入酒液的多少，也就是将威士忌倒入标准威士忌杯底部向上一指横卧的高度，再兑入热水饮用。

----

① 意大利语中，表示长度的"一掌"指的是手在完全张开时大拇指指尖到小拇指指尖的距离。而在盎格鲁－撒克逊的传统认知中，手掌指代的是除大拇指以外的其他四根手指。

在人类的现代化进程中，一些不同基础的数字系统被广泛采用，例如计算机语言采用的二进制系统。那么，在这种情况下，1+1 会得到什么结果呢？

一些数学家还曾以哲学的眼光深入研究过"1+1"这个简单算式的含义，试图搞清楚这个算式里数字和数字的相加是否可以通过数学公理的形式来证明。《数学原理》（*Principia Mathematica*）是一本经典著作，由伯特兰·罗素（Bertrand Russell）和他的导师阿尔弗雷德·诺斯·怀特海（Alfred North Whitehead）于 1910年共同完成。这本书总共有三卷约 2000 页，却足足用了好几百页的篇幅才证明了"1+1=2"。[①] 作者还特意指出："不得不说，这个结论有时还是挺有用的。"在本书的第六章，我将用比原文更通俗易懂的语言来解释这个证明的过程，确保那些不是专业数学家或逻辑学家的读者也能完全理解。事实上，哲学家们仍在争论"1+1"是否只是简单地指代"2"或者展现"相加"这一定义，甚至质疑（就像数学这个概念本身一样）它究竟是人类

---

① 证明从《数学原理》第二卷开始。

的一种发现还是一项简单的发明。关于这一点，我们将在第十章展开探讨。

让我们将视线转移到更贴近生活的话题上，我们很多人都对自然数的基础应用相当熟悉，比如在足球比赛里，胜者会得到 2 分或者 3 分，败者得 0 分，双方打平时则各得 1 分。但如果在数学情境下仔细思考，我们会发现这种积分系统其实并不那么合理。如今，如果一场足球比赛分出了胜负，那么两队总共得到 3 分，其中胜者得到 3 分，败者得到 0 分。但是如果一场比赛以平局收场，那么握手言和的双方总共才得到 2 分，也就是每队各得 1 分。在此前的积分系统尚未被淘汰时，胜者仅能得到 2 分，所以无论比赛结果如何，2 分即为当时每场比赛总共"待颁发"的分数。这大大影响了在一定场数的比赛结束后对整个赛季的冠军头衔归属的预测。我们（这里指代的是球员、球队工作人员和足球记者）习惯于使用简单的演绎模型进行预测，也就是用球队已经得到的分数加上剩余比赛如果都取得胜利所能得到的分数。然而，如果我们把所有球队的所有比赛结果都当作一个整体去看待，在这个如迷宫般的复杂交叉下，会发生什么呢？如果是之前的积分体系，也就是每场比赛都仅"值"2分的情况下，无论比赛结果如何，从整个赛季的一个特定时刻，我们就完全能预测各支球队在未来的走势。但是自从"胜者得3分"这一规则实行以来，每场比赛的总分值会因胜、负、平等不同结果产生变化，也就是3分或者2分，这样就使得每支球队的赛季最终排名变得更难以预测。简单来说，每场比赛所带来的积分变化都会给最后的球队排名带来更多可能性。

如果这个足球积分的例子使你产生了兴趣，不妨一起来看看接下来这个悖论。

我们都知道 $1-1=0$，$-1+1=0$，无限个 0 相加还是等于 0。

所以我们会得到：

$1=1+0+0+0+\cdots\cdots$

$=1+（1-1）+（1-1）+（1-1）+\cdots\cdots$

$=1+1+（-1+1）+（-1+1）+（-1+1）+\cdots\cdots$

$=1+1+0+0+0+\cdots\cdots$

$=2$

也就是 $1=2$。

这意味着所有的数学计算都崩塌了，因为如果数学定理系统中存在逻辑矛盾，那么我们就可以证明任何事情都是有可能发生的。

让我们回望历史，有一个相当著名的逸事与这种可能的矛盾如出一辙。在伯特兰·罗素的课堂上，一名学生提出了质疑，他认为"从'2=1'开始可以推导出任何一个结果"这个结论是不正确的，并要求罗素证明他自己就是教皇。罗素很快就做出了回答："我和教皇一共是两个人。但我们已知'2=1'，所以只有我一个人，这样就能推导出我就是教皇。"

这为我们敲响了警钟……有些事情可能产生了偏差。我们继续看！

第 2 章
手与脚，计数的起源

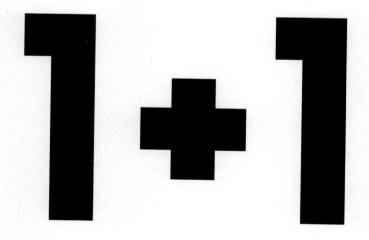

"不好意思，先生，请允许我提一个问题。如果有人说'二加三等于十'，您会作何回应呢？"

"好的先生，我会这样回答——我愿意相信这种说法，而且我会开始这样数数：'一、二、三、四、十。'"

这个回答令我深感满意。

——《塞缪尔·约翰逊传》(*The Life of Samuel Johnson*)

詹姆斯·博斯韦尔（James Boswell）

与习得语言的能力一样，相较于任何其他特征，人类的计数能力是一种最普遍存在的能力。语言能力似乎在人类大脑的革命性进化前就深植于内。诺姆·乔姆斯基（Noam Chomsky）第一个提出了这样一种理论，即由于沉浸在一个能不断提供范例的环境中，语言能力在一个人年龄很小的时候就已经形成，比如一个人的母语就仿佛是在大脑中预设的"程序"（基因）被激活后而习得的。在这种前提下，我们也许会发现一些奇怪现象的背后原理，比如在人生的最初几年里，我们掌握到的本领似乎比我们此后学到的或者被传授的知识内容要多得多。这种认知能力很好的一点就是它是与生俱来的，只待被后天激活。

很多人探讨过这样一种可能性，即是否同样的学习体系也存在于人类对数字的感知中。但是，相较于语言能力，计数是一种更加原始且基础的技能，它源自人类的日常生活所需或者事物的物理特征，比如伸出手我们就能数到 5 根手指，伸出双手我们就能数到 10，如果再加上脚趾的话就能数到 20。

倘若我们穿越回人类文明的起源，就会发现最初的数字系统似乎止步于"2"。那时的人类只使用两个数字，或者说是两个标签，也就是"1"和"2"。通过这两个基础数字的相加，人类就可以对一个很大的数额进行计算。这种非常简单的系统可以在语言的使用中找寻到蛛丝马迹，比如我们可以发现在拉丁语中描述超过

"2"的数额时，就会用到"远"或者"超过"这种词根；意大利语中"trans"这个前缀意为"超过"，与意大利语中"3"（tre）这个词有着相同的词根；而在法语中，"3"写作"trois"，与法语中表示"很多"的词"très"同根同源。基本上，只要是超过"2"的表达，都开始使用"超过"一词。在非洲的一些地区以及南美洲、新几内亚，我们会发现这个"到二即止"的初级数字系统还构成了一种计数的延伸，比如3、4和5会被分别表达作"二一""二二"和"二二一"，以此类推。总的来说，这种模式显然没有超越如今人们常用的计数方法，而"最大到二"这种数字系统也没有跳脱出"二二"或者"二二一"这些组合，即使后者只是由当时能被认知到的数字元素而构成的一种简单的排列。如果想要在掌握知识和抽象思考能力上有所突破，一种认知概念上的跃升是十分必要的。而在远古时期，这一过程只在世界上的少数区域成功实现了。

人们可能会好奇，原始社会的人类是否能流畅地计数，或者他们能否理解"1+1=2"这个如今我们看来极为简单的算式？事实上，原始社会的人类很早就能使用含有数字的词语来描述他们所观察到的物体。讲钦西安语的英属哥伦比亚原住民就会运用一些特定表达来描述不同的物体。这一现象绝非偶然，在一段并非被特意记载下来的对话中，代表"一"和"二"的语音会根据扁平物体、弯曲物体、人、条状物体、小木船和计量单位等物体和概念的特性发生变化，如下表所示：

数字	一般情况	扁平物体	弯曲物体	人	条状物体	小木船	计量单位
1	gyak	gak	g'eral	k'ul	k'wawutskan	k'amaet	k'al
2	t'epqat	t'epquat	goupel	t'epqada	gaopskan	g'alpeeltk	gulbel

这个例子中，每种单独的表达用法并非那么重要，问题的核心是用于描述数量的表达所产生的变化。如今，欧洲语言中数字的用法早已脱离了这种原始的形式，数字和名词以及形容词间的联系已经消失。几个世纪以来，人们的注意力已经从用来描述数字的简单词语转移到了它们衍生的象征价值和组合规则上。我们可以直观地发现，当时"1+1=2"这个算式只有在两个相加对象的形状相同时才能成立，例如圆形。在一堆形状各不相同的

物体里，将一个圆形物体和一个扁平物体相加是无法得到结果的，不论它们分别为何种形态。但数字的含义和计数的行为实际上并不是一个体系。没有计数这一行为，就不会有之后计算的发展，当然"1+1=2"也将不复存在。可以说，相比于原始文明对数字的认识，我们在数字运用方法上的革新是值得骄傲的。如今，当我们用 1 加上 1 时，我们所做的加法完全可以将两个并不完全一致的事物相加，这样我们就可以"两个东西"这样的称谓来表达。只有在我们想计算出某种特定物品的数量时，我们才需要确保被计算的物品属于同一种类。然而，如上所述，在原始社会中，就算描述两个完全一致的物体，也需要用不同的表达方式来指代"一个"或者"两个"的概念。

世界上也许并不存在一个可以判定两个不同数量之间关系的系统。接下来，我将讲述一个在 120 多年前发生的用绵羊交换烟草的故事，是当时一位名为弗朗西斯·高尔顿（Francis Galton）的英国探险家的经历。这个故事非常有启发性，讲述了那个年代市场上一种购买或交换数量大于 1 的商品的特殊方式。

在当地牧民以物易物的交易中，每次只能换一只羊。交易双方会先商量好两包卷烟可以换一只绵羊，但是当牧羊人看到有人直接用四包烟草来交换两只羊，就会感到非常惊讶。这个经历是我亲眼所见，我看到牧民先把两包烟收进口袋，完成了第一只羊的交换，然后就开始思考手里剩下的两包烟和第二只绵羊的关系，不明白手里这"多出的"两包烟是不是为下次交换所付的"定金"。这场"混乱的交易"使牧民万分疑惑，他把手中的两包烟退了回去，然后直到第一次交易里被换走的羊从他的视线中消失，第二次交易才得以进行，也就是用刚刚传来传去的两包烟来交换第二只绵羊。

掰手指是我们最熟知的一种基础计数方法。在某些地方，人们会逐渐地拓展计数方法，比如用尽身体上所有部位来帮助计数，以此来数超过 10 的数字。这一现象广泛存在于太平洋的一些岛国，当地人会使用十根手指、十根脚趾，以及手腕、肘部、肩膀、胸部、脚踝、膝盖和臀部来计数，最多数到 33。

回到我们更熟悉的现代计数方法，也就是起源于古印度的十进制系统。这个系统以 10 为基础，$10 \times 10=100$，$10 \times 10 \times 10=1000$，以此类推。就像我之前提到的，这种系统的形成是因为我们有十根手指。不过也存在一些例外，比如在美洲中部一个名为尤奇的印第安人部落就使用"八进制"而不是"十进制"。他们也依赖手指来计数，只不过他们习惯使用的是手指之间的豁口，而不是手指本身。这与南美洲和中美洲的其他一些文明如出一辙，当地人习惯用手指的缝隙夹住绳子来帮助计数。①

如今我们仍能见到各种各样用手指协助计数的方法。在英国和意大利，人们在计数开始前保持手握拳的姿势，然后依照从大拇指到小拇指的顺序依次伸出手

---

① 我经常问数学家，或者非专业的普通读者，为什么有的文明会采用"以 8 为基础"的数字体系？一直没人能给我一个满意的回答。直到有一天，我在一所小学向一群不超过 10 岁的学生提出了同样的问题。孩子们一开始也无法给出答案，终于，一个小女孩站了起来并毫不迟疑地精确地回答了这个问题。小女孩还补充道："这对我来说太简单了，因为我就是用手指间的缝隙来玩'猫的摇篮'的。"

指，当数字超过 5 以后就会使用另一只手按同样的方法和顺序继续。而在澳大利亚和亚洲的某些地区，人们则习惯从左手的小拇指开始数数。在日本，数数的方法又变得不一样，日本人会先张开手掌，然后依次将手指收回。同样地，美洲的代尼－迪涅族也使用和日本人相似的计数方法，他们的语言里表示 1 到 5 的单词按本意直接翻译的话即为：

1= 收起最远端的手指（小拇指收起来了）；

2= 再收回一根（现在无名指也收起来了）；

3= 收起中间的（现在需要收起中指）；

4= 就剩一根了（现在要收起食指，这样就只剩下大拇指还伸直着）；

5= 手指都用完了。

我们经常会听到一些新奇的故事，就像下面即将讲述的这个一样。在二战期间，一位印度女孩在家中向一名英国男士介绍一位来自东方的女性朋友。她的这位女性朋友实际上来自日本，在当时的情况下如果被人发现会立即被逮捕起来。所以，这名印度女孩向英国客人谎称这名女孩来自中国。英国人怀疑她的身份，就让她用手指从 1 数到 5。印度女孩对这个奇怪的要求感到不解，但是又不好意思询问缘由，她心想——这也许是英国人的一种幽默吧。与此同时，她身边的女孩已经开始数数了，从手指全部伸出到一根一根收回。英国人立马发现了端倪并得意扬扬地表示："她不是中国人，她是日本人！"英国人还补充道："中国人和我们英国人数数的方法一样，都是先攥拳再一根一根地伸出手指。可是日本人正好是反过来的，他们会先伸出五根手指再依次收回。"

在过去，"最大到二"这种计数系统在全世界广泛存在。直到今天，这种系统依然在非洲的布须曼人部落，还有澳大利亚和南美洲一些地区被使用。"最大到二"这种计数系统按照如下的规律从 1 数到 10：1，1+1=2，2+1，2+2，2+2+1，2+2+2，依此类推，直到 2+2+2+2+2。值得注意的是，"二"这个词在构造表示数字的词时有着关键作用。不仅如此，对于使用"最大到二"计数系统的人来说，他们的计数方法实际上并不依靠手指的帮助。而当一个用手指数数的人想用手表达"6"的时候，实际上表达出的是"5+1"，而不是"最大到二"计数系统中的"2+2+2"。公元前 3000 年，"最大到二"计数系统就已经被当时的苏美尔人广泛使用，随后被具有更高潜力的计数系统所取代。在实际运用中，当进行较大数额的计算时，"2"这个计数基础就显得过于小了。但是，就像我们之前见到的，对于一些"最大到二"的人来说，这个方法已经足够了，因为他们心目中只有三个概念：一、二和很多。[①]

经过观察这些原始而简单的以"2"为基数的计数方法，我们会发现也许正是这种方法创造了等式"1+1=2"，因为这可以理解为从"1"开始逐渐累加过程的第一步。这并不是我们如今认知中的一种计数系统，即将每个不同的数量都赋予一个单独的称谓，比如"一、二、三、四、五"等等，而只是一种通过一组系统化的词来标记数量的方法，且不存在算术符号和可以遵循的组合规则。

---

① 有关古代编号系统更详细的信息，请参见《宇宙湖中月》，米兰：阿德尔菲出版社，1992 年。简要概述也见约翰·大卫·巴罗的《为什么世界是由数学构成的？》，罗马－巴里：拉特扎出版社，1992 年；弗雷格（编辑）的《时间长河里的数字》，伦敦：麦克米伦出版社，1989 年。

现在，我们再次回到"1+1=2"这个经典的算式，来探索其中的数字和运算符号是如何形成的。"1"是一个古老的标记，用于表示单个数量，在许多数字系统中源于手指的形状。"2"来自古印度的数字系统，经过复杂的过程演变而来。"2"最初由两条横向平行的线（两个重叠的"1"）中间再加一笔相连而成，即"Z"字形，然后再逐渐倾斜变体为现在"2"的形状。当然，不同的手写习惯也使得"2"的某些部位发生了讹变和扭曲，但都万变不离其宗。等式里的其他两个符号"+"和"="，也就是加号和等号，则来源各异。加号"+"由拉丁语词语"*et*"在快速书写时的形态而来。而我们现今使用的等号"="并非来自与其形状略有差异的马耳他十字或拉丁十字，而是起源于基督教早期的常见象征——希腊十字。

运算符号"-"是"*m*"或"*m*-"的缩写，都用来表示减号，这也许来源于商人的一种习惯，用于表示运输船卸货前后的重量差。这个差值被称为"minus"（减去）或是"皮重"，这个术语至今仍被广泛使用。符号"-"还有几种变体，分别是"--""...."，以及我们今天用于除法的符号"÷"。1651 年时，一种形态为纵向排列的两个点的符号被引入计算体系，也就是"∶"。如今，这个符号表达的是"比例"的概念（实际上也代表着"除法"），也就是 A 除以 B 被表示为 A∶B。

1577 年，等号"="在英国数学家罗伯特·雷科德（Robert Recorde）所著的《砺智石》（*The Whetstone of Witte*）一书中被首次提及。"="的形状代表的是一组等长的平行线，"noe two thynges can be moare equalle"（没有任何其他事物像这两条平行线一样完全相同了）[1]，雷科德在书中这样写道。等号的形状并非一直为现在我们熟悉的这样，在当时，等号的长度比现在要长出一截。然而，这个符号并没有很快被广泛推广，那时的一些数学家仍倾向于将"ǁ""//"或者"）=（"当作等号使用，这些符号极有可能源自拉丁语"æquales"（等于）一词的简写形式"æ"。这些数学家坚持将这些符号当作等号使用可能还有另外一个原因，也就是 1456 年西式活字印刷在欧洲问世之后，它们就一直属于标准符号。而雷科德提出的等号"="直到 1618 年才第一次被印刷出来。

_____

[1] 原文用现代英语表达为"No two things can be more equal"。

在这之后又过了 80 年，著名的法国数学家勒内·笛卡尔（René Descartes）仍在将 "α" 当作等号使用。而雷科德的等号 "=" 却被他当作正负号（即现在的 "±"）使用。

罗伯特·雷科德涉猎的学术领域极广。他于 1531 年从牛津大学毕业，并拥有了行医资格许可。雷科德的著作《尿液》于 1547 年用英语而非拉丁语完成，讲述了他从尿液中获得的医学研究诊断成果。[1] 1679 年，这本书的最终稿印刷时，书名被修改为《尿液的审判》。毫无疑问，他在众多领域都有突出的成就。

乘号 "×" 来源于英国的圣安德烈十字，于 1618 年由对数的发现者约翰·纳皮尔（John Napier）首次提出。[2]

---

[1]　罗伯特·雷科德，《尿液》，伦敦：铜神出版社，1547 年。

[2]　纳皮尔对数将乘法简化为加法，将除法简化为减法。如果我们将 A 和 B 相乘，可以把 A 和 B 表示为 10 的幂，所以如果 $A=10^a$，$B=10^b$，则 $A \times B=10^{a+b}=C$。也就是说，纳皮尔的计算可以给我们与 A 和 B 初始值相对应的 10（a，b）的指数值。之后我们可以反向推导出 C 的值。比如，$A=2$，$B=3$，幂值则分别为 $a=0.3010$，$b=0.4771$，因此 $a+b=0.7781$，继而推导出 C 的值为 $10^{0.7781}$，也就是 6，和我们熟知的结果一致。在机械和电子计算器发明之前，所有复杂费力的计算都是用这种方法计算的。

如今这些运算符号在全世界广泛使用，比任何语言的字母都更被人熟知。[①]

在下表中，我们可以看到历史上世界各地文明使用的数字系统对于"1+1=2"的差异化书写方式。要注意的是，运算符号并不存在于这些写法中，所以我们用文字来代替这些符号。

表 2.1　历史上一些关于"1+1=2"书写方式的示例（这些写法都不包含加号"+"和等号"="，所以我们用文字代替）

古文明："1+1=2"的表达方法	
埃及文明（僧侣体）	I e I è II
苏美尔文明 [a]	I e I è 4
巴比伦文明	V e V è VV
希腊文明	I e I è II
中国文明（学术写法）	| e | è | |
中国文明（通用写法）	∩ e ∩ è ?

① 如果想查阅更详尽的信息，可以参考约翰·大卫·巴罗的《科学的画廊》（伦敦：博德利黑德出版社，2008 年）中"符号的时代"部分；意大利语译版：《符号的时代》，收录于《科学的图像》，米兰：蒙达多利出版社，2009 年。

续表：

玛雅文明	· e · ˙ · ·
古印度文明（婆罗米文）	– e – ˙ =
印度文明（印地文）	I e I ˙ II
尼泊尔文明	∩ e ∩ ˙ ?
	l e l ˙
印度洋文明	l e l ˙ 2
秘鲁文明（奇普结绳记事法）[b]	
雅典文明	α e α ˙ β
阿拉伯文明	א e א ˙ ⌐
西里尔文明	a e a ˙ б

表格注释：a. 这里的"4"实际是"2"的意思；b. 详情见下图。

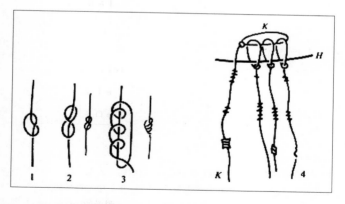

图 2.1 秘鲁的奇普结绳记事法

第3章

重新定义计算基础：比特和二进制运算

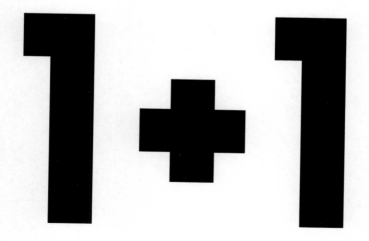

"1+1=10"

二进制计算

　　算术本质上其实好似一种"积木游戏"，每个数字都是一块形状各异的积木，从而搭建起了宏伟的数学大厦。现今通行的数学体系以十进制为基础，这源于我们用手指数数的习惯。一些古代文明曾以五进制或二十进制作为基础，而古巴比伦人则使用六十进制。如今，在一些关于数字的词汇或者科学领域的某些数字系统中，我们仍能找到古代文明数学体系的蛛丝马迹。在英语中，我们会发现"score"这个词代表的是 20 这一数值，这来自从前英国王室的财政部门。他们建立起一套货币体系，将带有刻痕或切口的木棍当作流通物，并规定 20 根为一捆，称其为"tallies"（符木）。从此，英语单

词 "score" 就演变出了 "刻痕" 和 "二十" 的双重含义。现在，在我们使用的时间体系中，秒和分钟的规则和圆周的计算规则都基于六十进制。在十进制的基础上，法国人引入了一个新词 "soixante" 来表示 60 这一数值，并用于法语中超过 50 的数字的复合构词。

如今，所有发达文明都在使用起源于印度的十进制系统。由于此前印欧语言的广泛传播，十进制系统也在全世界盛行开来，并促进了印度、阿拉伯国家和欧洲之间的贸易和交流。当一个使用十进制系统的国家和一个使用更复杂数字系统（例如罗马数字）的国家开展贸易活动时，因为十进制明显更简单也更实用，双方自然而然地会采用前者的数字体系。多年以前，仍在使用罗马数字的意大利商人在认识到印度的十进制系统后就做出了这样的改变。

已经习惯于使用十进制的我们在看到 44 这个数字的时候，脑海中会很自然地将其视作 $(4 \times 10) + (4 \times 1)$ 的形式；看到 969 的时候则会将其转化为 $(9 \times 100) + (6 \times 10) + (9 \times 1)$。但是，如果用五进制的规则来看，44 这个数字，实际代表的就变成了 $(4 \times 5) + (4 \times 1)$。

在以下三种类型的数字系统中，我们如果将它们的运算进制标记为 B 进制——首先，古埃及和希腊使用的加法系统会使用不同的数学符号来生成基于 B 进制的数列，如下所示：

1，2，3，……，B‐1，B，2B，3B，……，B（B‐1）；

B^2，$2B^2$，$3B^2$，……，B^2（B‐1），……

以此类推。

而在乘法系统里，例如中国人使用的方法，看起来就简单得多，几乎仅由数字构成：

1，2，3，……，B‐1，B，B^2，B^3，……

以此类推。

第三个要介绍的是从古印度文明中继承下来的一个简洁的"位置系统"。它引入了数字符号位置意义的概念，并以此定义数字的精确含义。比如，"111"在罗马人眼里代表"3"，而现在我们将其读作"一百一十一"。而在古印度文明的这个系统里，则需要在 1 的中间空出一格，这样人们才能得知"11"代表的是"一百零一"，而不是"11"所代表的"十一"。古巴比伦人、玛雅人和古印度人都意识到，相比于在某一个多位数字间用空格隔开每个单独的数字，像刚才的"11"那样，用一个符号来代替数字间的空格是十分必要的，因为这样可以避免仓促书写时无法将数字间的空格标示清楚。这就是"0"的由来，用于填补古印度数字系统中必要的空格，让人们能更直观地将"101"读作"一百零一"。[①] 在这种情况下，有了零的加入，这种数字系统就可以简化为：

$$0, 1, 2, 3, \cdots\cdots, B-1$$

这样的话，所有的数字都可以被这样表示：

$$N = a_n B^n + a_{n-1} B^{n-1} + a_{n-2} B^{n-2} + \cdots\cdots$$
$$+ a_2 B^2 + a_1 B + a_0$$

如果用 a 来表达这个数的话，则是这样：

---

① 古巴比伦人使用"0"是出于数字易读性的原因，而玛雅人则是基于美观考虑，也就是避免在书写较大数额时在每个数字间留出过多的空格。而对于印第安人来说，"0"的使用主要是为了提高计算效率。

$$N=a_n a_{n-1} a_{n-2} \cdots\cdots a_2 a_1 a_0$$

这个系统中有一个例子是 1204，我们读作"一千二百零四"。这里的运算基础 B 是十进制，在 n=3 的时候，N=1204 可以被表达为（在这里需要提醒大家的是：$10^0=1$）：

$$1204=1 \times 10^3 + 2 \times 10^2 + 0 \times 10 + 4 \times 1$$

其中，每一位上的 a 都被标记成了粗体，而我们可以将这个以 a 为基础的数字简化为：

1204

无论是 10 的几次幂，经过计算得到的结果一定要保持正确的数位顺序，比如 1204 这个结果当然与 1024 或者 4201 都是截然不同的。

最原始的运算系统由古埃及人和古巴比伦帝国南部（现在的伊拉克）的苏美尔人发明，详细解释了加法运算是如何进行的。他们所使用的象形文字已经产生了对 10 的不同次幂结果的对应，如下文所示（其中括号

内的为现代数学表达）。首先要展示的是类似于棒形的
"1"所构成的：

> 1（1），11（2），111（3），1111（4），
>
> 11111（5），……，111111111（9）

而近似拱形的"∩"代表 10，"℘"则代表 100，
之后还有不同的象形文字表示 1000、10000、100000
和 1000000。举例来说，84 被写作∩∩∩∩∩∩∩∩1111，
67 则是∩∩∩∩∩∩1111111。而 1+1=2 就变成了 1 加 1 得
11。84 加 67 就要用到刚刚提到的表达方式：

> ∩∩∩∩∩∩∩∩1111，
>
> ∩∩∩∩∩∩1111111

两数相加后就得到了∩∩∩∩∩∩∩∩∩∩∩∩∩∩11111111111
（14 个拱形和 11 个棒形），先将所有的"1"合并进位，
就得到∩∩∩∩∩∩∩∩∩∩∩∩∩∩∩1（15 个拱形和 1 个棒形），
最后将拱形合并进位，就得到了℘∩∩∩∩∩1，也就是 151。

到了今天，虽然十进制的数学系统奠定了所有科
学体系的标准基础，但出于特殊目的，这个系统还可以

与另一个不同的进制系统协作，也就是计算机科学中普遍使用的二进制系统（遇 2 进位）。数字 0 和 1 在这个体系里被称作"比特"（bit）[①]，也就是 binary digit（二进制位）的缩写。

在这个仅以 0 和 1 为基础构成的体系里，以下四个加法算式是最基本的：

$$0+0=0$$
$$0+1=1$$
$$1+0=1$$
$$1+1=10$$

最后"1+1"这个算式所得的结果大于 1，也就是系统里单一数位上可用的最大数字。在十进制的条件下进行整数计算时，我们需要在相加结果超过 10 的 1、10、

[①]　"比特"一词于 1948 年首次由克劳德·香农以书面形式进行阐释，但他将这一成就归功于约翰·图基。后者曾在 1947 年为贝尔实验室撰写了一份报告，将比特定义为"数字化二进制信息"。字节是数字信息的另一个单位，等于 8 比特。字节被提议用来代表某个文本单个字符所需的最小位数这一概念，这也是大多数计算机结构的硬件所能访问的最小内存单位。

100……次幂时进位，个位上的数字在 0~9 之间产生，以在十进制的条件下计算 9+4 为例，这个加法算式的结果 13 实际上是被转化为了 $1 \times 10+3$，也就是 1 个 10 和 3 个 1。而在二进制中，最后一位上的数字只能是 0 或 1，我们就需要对 2 的 1、2、4……次幂时进位，那么 1+1 就成了 10，也就是可以被拆解成 $1 \times 2+0$。在这种情况下，我们可以说 1+1 并不等于 2，但也只是因为 2 在此种条件下并非以其原本的数字形态出现，而是被表达作了 10。

基于同样的规则，3、4、5、6、7……在二进制下分别被记作 11、100、101、110、111，以此类推。

在运算中，对于任意 B 进制体系（B 大于 2）来说，"1+1=2"这个等式都依然成立。所以我们可以得出以下这个结论：

1+1=10，当 B=2 时，

1+1=2，当 B>2 时。

在乘法计算时，我们也会遇到下面这四种情况：

$0 \times 0=0$

$$1 \times 0 = 0$$
$$0 \times 1 = 0$$
$$1 \times 1 = 1$$

在二进制条件下，除法和乘法运算相当复杂。这里我们以 26×12 为例，二进制下这个乘法算式就变成了 11010×1100。本来在十进制中的乘法结果 312 在二进制里则为 100111000。这个二进制数字看起来十分复杂，但是电脑可以一瞬间就处理完成。同样地，电子计算器也能极其迅速地将输入的数值转化为二进制数字，比如将按键输入的十进制的 3 转化为二进制的 11 后再进行计算。如果输入十进制的 240，电脑和计算器会将其"翻译"为其二进制的对应值 11110000。作为一个 2 的不同次幂相加的结果，240 可以被写作 128+64+32+16 也就是 $1 \times 2^7 + 1 \times 2^6 + 1 \times 2^5 + 1 \times 2^4 + 0 \times 2^3 + 0 \times 2^2 + 0 \times 2^1 + 0 \times 2^0$。其他类似的数，比如 312，也是按照一样的规律计算。

比特的实际运用与数码计算器和电脑的"是 / 否，开 / 关，对 / 错"等状态的区分选择密切相关。稍有了解过的人都知道，1 代表对，0 代表错。通过开关在不同电力状态下的变化，电路板可以轻松地识别 0 和 1。

这种现代二进制计算通常被认为是德国数学家和哲学家戈特弗里德·莱布尼茨（Gottfried Leibniz）在 1679 年发明的，他也是艾萨克·牛顿（Isaac Newton）同时期的竞争对手。然而，当时间再向前推 100 年，托马斯·哈里奥特（Thomas Harriot），一位几乎已经被世人遗忘的英国科学家，就已经创造出了二进制系统并加以运用。[①] 实际上，莱布尼茨还曾经提出过一个伟大的构想，也就是将所有的文字陈述都转化为数学表达，让不同类型的论述和思想都以数学的形式展现并演绎。雄心勃勃的莱布尼茨设想，仅通过将语言转化为数字再加以基本的运算原理，所有政治、宗教和科学争端就可以被顺利解决，他还相信这个过程或许能在某种机器上操作完成。现在，我们都知道这种机器叫作"计算机"。[②]

[①] J. W. 雪莉，《莱布尼茨之前的二进制枚举》，《美国物理杂志》，1951 年第 8 期。
[②] 这里的"计算机"原意指的是以人工方法进行计算的人，而并非进行计算操作的机器。

莱布尼茨设计的二进制系统与我们今天使用的一致：

$$0001 \text{ 代表 } 2^0 = 1$$
$$0010 \text{ 代表 } 2^1 = 2$$
$$0100 \text{ 代表 } 2^2 = 4$$
$$1000 \text{ 代表 } 2^3 = 8$$

以此类推。

同时，作为一名眼光敏锐的汉学家，莱布尼茨还受到了汉语古籍《易经》里卦象的启发。他将这些卦象与从 0 到 111111 的二进制数字对应了起来。

二进制系统还有一个非常重要的应用，那就是盲文。盲文是路易斯·布莱叶（Louis Braille）在 1829 年至 1837 年间创造的一种触觉语言，供视障人士使用（但是在英国，目前只有 1% 的注册视障人士使用盲文）。盲文实际上可以被认为是世界上第一种二进制文字书写方式。现今普遍使用的印欧语系文字由 26 个腓尼基字母构成，而盲文只使用两个符号：圆点和凸起的圆点。

另一种只使用两个符号的二进制通信编码系统是莫尔斯电码（仅由点和空格构成），由美国艺术家塞缪尔·莫尔斯（Samuel Morse）于 1837 年发明。他使用点和空格排列组合的方式来代替腓尼基字母、标点符号和 0 到 9 这十个数字。当时，莫尔斯电码的发明不只适用于英语，还可以应用于其他所有语言。世界上首个莫尔斯电码系统通过电脉冲实现通信，但在不久之后的1844 年，莫尔斯电码开始使用电流，将信息以压痕的形式记录在纸张上，这样盲人也可以通过触摸的方式进行阅读。

在二进制运算中，分数变得相当复杂。在十进制系统中，1/3、3/10 或 2/10 这样的分数对于我们来说非常简单易懂。比如其中 2/10 是可以被简化的，因为它的分母 10 可以被 2 整除，从而转化为 2×5，经过约分则为 $\frac{2}{2 \times 5} = 1/5$。

在二进制系统中，这些分数的表达原理实际上还算简单，但是转化后的结果对我们来说看上去还并不是很熟悉。比如，1/3 和 3/10 变为 1/11 和 11/1010 ；2/10变为 10/1010，然后约分得到 1/101。

二进制的分数也可以像十进制的分数一样转化为小数。在十进制中，10 的不同次幂所对应的倒数被写作 1/10、1/100……以此类推。而 2/10 这样的十进制分数可被约分为 1/5，或写作 2 × 1/10，写作小数则是 0.2。同样地，3/10 可以被写作 3 × 1/10，也就是 0.3。至于 1/3，通常被理解为 1 除以 3，所得到的是 0.3333……，即 3 × 1/10+3 × 1/100+3 × 1/1000+……，这被称为无限循环小数。

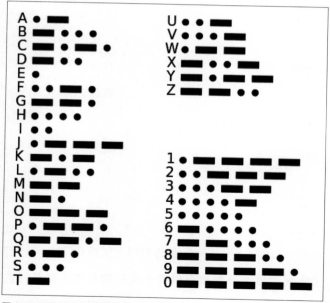

图 3.1 国际标准莫尔斯电码对照表

这样的情况也发生在二进制中，但是需要注意的是分母应为 2 的不同次幂，而非 10 的幂。例如：

1/5，在十进制中为 0.2，可以被写作 1/8+1/16+1/128+1/256+……，转化为二进制就成了 $0×1/2+0×1/4+1×1/8+1×1/16+0×1/32+0×1/64+1×1/128+1×1/256+$……，从而得到二进制小数 0.00110011……；

1/3，也就是十进制中的 0.333……，可以被写作 1/4+1/16+1/64+……，转化为二进制则为 $0×1/2+1×1/4+0×1/8+1×1/16+0×1/32+1×1/64+0×1/128+1×1/256+$……，也就是 0.01010101……；

1/2 就更简单了，转化为二进制小数得到 0.1，也就是 $1×1/2$。

十进制分数和小数转化为二进制形式还是有一定难度的，或者说我们仍对这个转化过程不太熟悉。但是，最后的结果一定是有限小数或者无限循环小数。

本 杰 明 · 舒 马 赫（Benjamin Schumacher）在 1995 年提出的"量子比特"这一概念如今已经被收录进了科学常用词汇。正如比特是信息的基本（也是最小的）单位一样，量子比特是量子信息的最小单位。我们之前探讨的二进制数位，也就等于 0 或 1 的比特，是信息表达的基础构成。但这仅应用于经典物理学世界里的计算机运行过程中，也就是"非量子"环境下。在量子力学机制中，世界上某种状态的信息内容可以表示为 0 和 1 的加权组合，也就是一种复合状态，而非简单的"0 或 1"。[①] 这使我们不由得想起了埃尔温·薛定谔（Erwin Schrödinger）那个关于猫的经典悖论。他假设将一只猫关在一个密闭空间内，该空间内的镭如果发生衰变就会释放出致命毒物，但镭处于衰变和没有衰变两种状态的叠加。因此，从量子角度考虑结

---

① 对于一个由 n 个构件组成的系统，经典物理学对其状态的完整描述只需要 n 个比特，而在量子物理学中则需要 2^n-1 个复合数，详情请参考彼得·肖尔博士在 1996 年发表在《暹罗计算杂志》上的《量子计算机的素因数分解和离散对数的多项式时间算法》一文。

果，猫在这种情况下既可能存活也可能死亡，因此被认为处于"活"和"死"的叠加态。根据经典物理学（和基本常识，要记住我们讨论的只是一个比喻），猫只可能是死亡（0）或者存活（1）中的一种状态。

也就是说，在量子力学机制中可以存在无限多的生死叠加状态！量子理论的这一特征相当于这样一种概念，即当一种状态转变为另一种状态时，并不会遵循单一可能性的发展路径，就像一块石头在空中会沿着抛物线轨迹运动一样。在量子维度中，石头则沿着所有可能存在的运行轨迹运动。其中一些像波峰，而另一些像波谷。当所有可能性彼此叠加时，其中许多路径相互抵消，从而留下最有可能发生的结果。这就是信息的波状表现形式。我们可以将其想象成犯罪浪潮的模拟（如果犯罪浪潮影响到你的居所附近，那么犯罪行为将更有可能出现），而不是像海浪那样。量子计算机的研究开发人员希望创造出一种新型超高速计算机，这种计算机依靠量子的现实特性，能够同步进行多个具有相同复杂程度的不同计算过程，然后汇总得到统一的计算结果。他们还希望将现在一些由于现实时间限制而无法进行的课题缩减为可以被快速解决的可行任务，将"不可求解"转化为"可计算求解"。

未来的科学发展由此可见一斑。

第 4 章
数字的定义

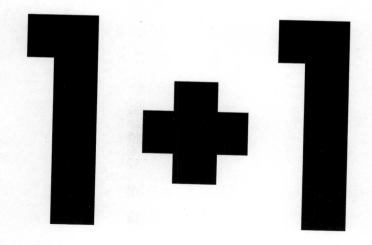

有时我会好奇，冯·诺依曼的大脑是否暗示着存在比人类更高级的物种。

——汉斯·贝特（Hans Bethe）[1]

19世纪的一些数学家开始非常认真地担心起数学的

---

[1]　摘自1957年的《生活杂志》，冯·诺依曼因其令人惊叹的智力水平和思考速度而闻名：他能够进行数学速算，还能完成不同语言之间的互译，甚至还拥有摄像机一般的记忆力。曾和他一起工作过的人评价道："和他共事就像骑着自行车追赶跑车。"冯·诺依曼的同学——诺贝尔物理学奖得主尤金·维格纳曾说过："如果你听过冯·诺依曼讲话，你就会明白大脑应该是如何工作的。"冯·诺依曼在众多领域都作出了卓越贡献，包括逻辑学、计算机结构学、数学、量子物理学、核物理流体动力学、冲击波传播学、博弈论、统计学和经济学等。他还曾被美国政府聘为科学顾问，直到他在53岁时去世——这实为一大遗憾。

基础是否稳固，以及证明所有那些他们认为显而易见又理所当然的数学表达的必要性。这种忧虑虽然在许多方面都让人感到有些夸张，实际上却具有一定正当性，因为他们害怕在这个过程中发现的某些错误会使整个数学世界陷入矛盾的泥潭。事实上，就像我们在第一章中已经提到的，一个关于运算的错误表述可能会推导出任意结果，比如"1+1"就被证明可以导致任意一个结果。古语有云，"ex falso quod libet"——这是一条古老的逻辑规则，意为"任何推断都可以在错误的前提下被证明是正确的"。

为了避免这种潜在的数学体系崩溃论，"形式主义"被视为一种解决办法。这是一个相当简单的想法，在运算中，人们可以制定特别的"游戏规则"和"玩家范围"（所有非负整数），并且可以从一个合理的起始位置开始，详细描述所有可行的运算法则，包括对所有定律和数字的应用。所有的运算法则都将作为从"游戏规则"中所得出的固定推论呈现在我们面前。国际象棋等游戏所遵循的规则集合其实就源于这种构想，每个单独的棋子只有在棋局之内才具有意义。从一个已知的初始棋子布局开始，某些行棋方式是不被允许的，而其他的行棋走法应该通过实践验证以确保它们是初始布局开始后经过有限数量步骤后得到的结果。[①] 这种成功参考了欧几里得几何学（借此增加了一些旨在使其守序的规则）的想法看上去似乎是极其严谨的，但正如我们将在第八章中讨论的那样，我们会惊讶地发现，这其实是一种错误的预期。[②] 事实上，在特定的运算规则下，有些关于数字的表述既不能被证明为正确也不能被证明为错误。这就像棋盘上的某些棋子布局，我们无法用固定的行棋规则来判断它是否可以从某些初始布局演变而来。在对弈时如果出现这种情况，即当前棋盘上的布局无法从某种先前的布局推演而来，我们就称之为"伊甸园"。

1889 年，意大利数学家朱塞佩·皮亚诺（Giuseppe Peano）对严格定义自然数这一工程作出了卓越贡献。[③]

[①]　此为国际象棋定理，即如果白棋的国王和王后尚存，而黑棋仅存国王，那么白棋不能将死黑棋。

[②]　例如：如果点 A、B、C、D 均在一条直线上，且 B 在 A 和 C 之间，C 在 B 和 D 之间，那么欧几里得的假说是无法证明 B 在 A 和 D 之间的。

[③]　休伯特·肯尼迪，《皮亚诺的一生和成就》，多德雷赫特：施普林格出版社，1980 年。

尽管在这之前，德国数学家戈特洛布·弗雷格（Gottlob Frege）已经在 1884 年于他的著作《算术基础：对数字概念的逻辑数学探究》（*The Foundations of Arithmetic*）中提出了基本方法，但是在 19 世纪末以前，他的理论并没能成功地大范围传播。[①] 1888 年，理查德·戴德金（Richard Dedekind）在他的著作《数是什么？数应当是什么？》（*Was sind und was sollen die Zahlen?*）中也提出了类似的想法，但在这之后，皮亚诺的研究使戴德金的学说更易于理解。[②]

这位意大利数学家使用五个规则，即皮亚诺公理，来定义自然数，从而定义整个运算体系。他的关键理论被称为"后继数"，也就是每个自然数都有一个可确定的后继数，例如 1 的后继数为 2，2 的后继数为 3，以此

[①] 戈特洛布·弗雷格，《算术基础：对数字概念的逻辑数学探究》，约翰·奥斯汀编，牛津：布莱克维尔出版社，第二版及更新版，1974 年；意大利语译版：《算术基础》，载《逻辑与算术》，C. 曼吉欧内译，都灵：Boringhieri 出版社，1965 年。

[②] 理查德·戴德金，《数是什么？数应当是什么？》，费维格：布伦瑞克出版社，1888 年；意大利语译版：《数学基础简析》，F. 戛纳译，那不勒斯：毕伯里奥斯出版社，1983 年。

类推。这样的话，一个无限的数字集合（0、1、2、3……）就可以在有限数量的规则下生成。以 0 作为初始数（皮亚诺实际上将 1 当作初始数，但这没有本质区别，因为 1 可以被看作 0 的后继数），皮亚诺自然数的五条公理为：

1. 零是自然数；

2. 每个自然数都有一个确定的后继数，这个后继数也是自然数；

3. 零不是任何其他自然数的后继数；

4. 如果两个自然数的后继数相同，那么这两个自然数也是相同的；

5. 如果一个自然数集合含有零，且含有每个自然数的后继数，那么这个集合就包含了所有自然数。这条公理我们将其称为"归纳公理"。

以上五条公理都是相互独立的，因此都是必要条件。

那么，首先由皮亚诺公理得出的概念就是零和后继数——也就是每个数字后紧紧跟随的那个数字。我们用 S 表示后继数，那么 S（0）为 1，S（1）则为 2，以此类推。

在归纳原理的基础上，我们得以定义加法和乘法运算。对于任意数字 n，我们以递归方法定义 n 和任意自然数 m 相加和相乘的结果。首先，我们假设 m 为 0，然后从 m 到 S（m）。

首先，自然数的加法应当符合：

$$n+0=n$$
$$n+S（m）=S（n+m）$$

由此我们可以得到 $n+1=n+S（0）=S（n+0）=S（n）$，因此得出后继数的方法就是在前数的基础上加 1。如果我们设 $n=1$，就可以证明 $1+1=S（1）=2$。

通过递归的方法，我们可以使用相同的规则继续为每个 n 得到 $n+2=n+S（1）=S（n+1）=S[S（n）]$：也就是要得到后继数的后继数就意味着加上 2。

通常情况下，将 n 和任意一个自然数 m 相加，就相当于多次对数字 m 求后继数，也就是 $n+m=S[\cdots\cdots S（n）]$，其中省略号表示求了 m 次后继数。

现在，我们开始讨论乘法。我们一般会将乘法视为加法的一种重复形式：$n\times m$ 也就是 m 个 n 相加的总和。因此，当我们根据 $n \times m$ 推算 $n \times S(m)$ 的结果时，就等于在前者结果的基础上再加上一个 n。在归纳原理的基础上可以得出：

$$n \times 0 = 0$$
$$n \times S(m) = n \times m + n$$

不过，皮亚诺的结论存在一个问题。从形式上讲，皮亚诺公理定义的不仅仅是自然数。五个规则对于由互不相同的项所构成的等差数列依旧成立。比如偶数数列：

$$0，2，4，6，8，10……$$

我们很容易就能发现，皮亚诺公理在这种情况下是成立的：这个数列从 0 开始，然后不断地加 2 得到后面的项。所以在这个数列里 $S(n) = n + 2$。

同样的情况也发生在"1，3，5，7……"这样的奇数数列中。在这种情况下，数列从 1 开始，然后不断向后加上相等的差值，依旧可以得出 $S(n) = n + 2$。

更加混乱的情况是，我们可以找到无限个可以满足皮亚诺五条公理的类似数列。数列的构成方法很简单，只要这个无穷数列中的项互不相同即可：

$$N_0，N_1，N_2，N_3，N_4\cdots\cdots$$

其中 N_n 由自然数 n 作为项数：在这种情况下，初项为 N_0，任何一项 N_n 的后继项为 N_{n+1}。所以我们只需要一个初项和一个函数，就像后继函数那样，无限地生成彼此不同的后续项。而这，同样符合皮亚诺制定的规则。我们将符合皮亚诺公理的数列称为"一阶算术数列"。所以除了由自然数构成的一阶算术数列，还有很多其他形式的一阶算术数列都符合皮亚诺公理的规定。但事实上，所有这些一阶算术数列，就像我们刚刚探讨的那样，都仅类似于自然数，除非将通项 N_n 转化为其项数 n 的数值。数学学科需要恰当地使用学术名词，在这里我们使用"可数的"这个词来形容与自然数数列相似的数列。也就是说，一阶算术数列表面上和实质上都是对自然数数列的一种复刻。

不过，我们应当再次注意到，皮亚诺公理定义的不仅仅是自然数，即便自然数本身也是一种符合一阶算术数列规律的数列。

起初，在皮亚诺公理刚刚提出时，伯特兰·罗素等逻辑学家认为他们自己可以详尽地解释"自然数"的含义，并对上述的非唯一性问题置之不理。[①] 而仍然有一些学者持怀疑态度，比如法国数学家亨利·庞加莱（Henri Poincaré）。庞加莱曾强调，只有在公理被证明完全严谨的情况下，数字的定义才能完全令人信服。换句话说，如果有人真的可以证明"1=2"，那么这个结论也注定是不严谨的，不能被用于证明其他任何观点或理论。

皮亚诺算术有一个简化版本，被称作"PA"（来自皮亚诺算术的英文名称，Peano Arithmetic），是根据被称为所谓"最佳数学逻辑方法"的一阶逻辑而得。这个版本的内容简明流畅，但无法完整地体现皮亚诺归纳法的全部内涵。

皮亚诺公理确实是严谨且不会产生任何矛盾的，这在很久以后的1936年由年轻的德国数学家格哈德·根

---

① 罗素非常崇拜皮亚诺，在得知皮亚诺去世的消息后，他写信给西尔维娅·潘克赫斯特，回忆起他和皮亚诺第一次见面的情景："我在1900年的哲学大会上第一次见到皮亚诺，他当时展现出的智慧令在场所有人印象深刻，从那以后我就一直十分钦佩他。"

岑（Gerhard Gentzen）证明（他于 1945 年死于苏联劳改营）。时至今日，几乎所有的数学家都认同皮亚诺公理的有效性。皮亚诺的假设仅从三个单独的概念——自然数、数字单位的定义、0 和后继数——推导出了整个体系。

但也有一些数学家并不接受皮亚诺的理论，他们被称为"有穷论者"，坚持认为任何与无限数量和过度演绎有关的推论都是不成立的。对于他们来说，相信皮亚诺的设想意味着相信自然数是无限的，大多数数学家都认为这代表着一种迂腐气息。毕竟，正如我们即将看到的那样，在亚里士多德的"潜无穷"理论里，自然数的无限仅仅是所有无限中最微不足道的那一个。它并没有像"实无穷"理论那样对我们的现实观念产生实际影响——例如宇宙某处的温度或密度达到无限时——亚里士多德认为这一可能性与局部真空均不存在，因为无限的温度或密度会使任何类型的阻力都不复存在，从而可以让运动在有限的时间内获得无限的速度。

在后继函数的定义和应用过程中，我们重新认识了古代文明对数字的直觉感知，他们的数字体系仍依赖于将任何的现有数量加 1，并将此过程不断重复，这与他们的文明进化程度息息相关。

后继函数对我们来说似乎是一个与生俱来的概念。在某种程度上，它可能从我们对因果顺序的认知经验中得出，并跟随时间流动。我们习惯于将过去与未来分割开，而未来则根据一系列的因果条件发展而来。特德·姜（Ted Chiang）的小说《你一生的故事》（*Story of Your Life*）和丹尼斯·维伦纽瓦（Denis Villeneuve）于 2016 年由前者改编的电影《降临》（*Arrival*）以独特又耐人寻味的手笔向我们展现了这种对存在的认知方式。十二艘外星飞船突然神秘地抵达地球（尽管绝对出于和平意图），艾米·亚当斯（Amy Adams）饰演的语言学家旋即被招募来研究破译外星人奇怪的无时序性语言。外星人的文字是一种旋涡状图案，形似晕开的黑色墨水，就像我们把墨水滴入水中那样。语言学家破译了部分外星语言，并了解到在这种高级外星智能的思维里并不存在时间感。他们复杂的语言模式通过一个单一文字一次性展现全部意欲表达的内容，并且不由我们所熟识的线性顺序构成。对外星人来说，他们的文字代表的是一个循环而非一条直线。

他们表达出（或者说"泼出"）的信息包含了我们认知中的未来和过去，同时又简单到可以被部分破译。这些桥段的设计以很多学科的研究为基础，在语言学方面参考的则是一个在 1956 年由人类学家爱德华·萨丕尔（Edward Sapir）和他的学生——语言学家本杰明·沃尔夫（Benjamin Whorf）详细阐述的著名假说。[①]

"萨丕尔 – 沃尔夫假说"认为语言不仅是一种传播媒介，还能限制我们能想象出的和用于交流的概念范围（虽然这个观念如今在语言学家群体中并不被广泛认同）。这个假说并不是绝对的，有一个经典的例子可以为证。因纽特人的语言使用很多不同的词语来描述不同种类的雪，而生活在地球较温暖地区的人可能只会使用一个或两个词语来形容"雪"这个概念（假如他们的语言里有的话）。爱斯基摩人身处的客观现实环境深刻地影响着他

---

① "语言相对论假说"又称"萨丕尔 – 沃尔夫假说"，由美国人类学家、语言学家爱德华·萨丕尔在《语言学作为科学的地位》（1956）一文中提出，后由本杰明·沃尔夫在其文章《科学与语言学》中加以丰富。传统狭义上，唯一一本对此话题进行讨论的书籍为爱德华·萨丕尔于1921 年著的《语言：简析演讲的学问》，其意大利语译作为保罗·瓦莱西奥完成的《语言与语言学简析》，都灵：艾诺迪出版社，1969 年。

们的语言，而他们使用的语言决定了某些思维方式的界限。古希腊的哲学家都是博学的思想家，他们的学术研究依靠古希腊语，这种语言在逻辑推理过程中有着一定的优势，这对于古希腊学者们的哲学思维、讲话和写作是十分必要的。在我看来，在现代电影的视角下，《降临》颇具深度。这部科幻电影表面上讲述的是主张和平且智力超群的外星人的故事，但实际上它真正关注的还是人类。电影里没有壮观的宇宙大战，也看不到外形奇特的外星人。《降临》的风格与《星球大战》（*Star Wars*）和《星际迷航》（*Star Trek*）大相径庭，外星人军队的戏份被外星语言的内涵所取代。电影的结尾传达了一条重要信息，揭示了为什么外星人的宇宙飞船在到达地球后只是匆匆一瞥人类社会的复杂性后就突然离开。

这部电影的价值在于它能够让我们对人类自身的思维展开思考，尤其是思维的功能连接是如何引导我们接收这个世界的特定图像并开始某个具体实践过程的，比如数数。

为数学计算提供严谨逻辑性描述的研究发展在许多方面都有重要意义，比如这改变了我们对数字和运算的看法。这当然不仅限于我们日常生活中的简单数学应用，比如数鸡蛋或者数硬币。自然数的存在独立于那些被编了号的事物。作为基于其自身规则被定义的逻辑系统，自然数体系并不等同于从 1 数到 2 这种原始的计数方式。通过规则的改变，我们可以开掘出崭新的数学系统，而其运行规则与世界上其他任何可以被感知的事物都不相关。最重要的是，规律应当是合乎逻辑且严谨的，并且即便之后又有新的推论问世，也不会产生类似"1=2"这样的矛盾。数学哲学的常见概念"数学存在"就此获得新的含义。这并不意味着我们可以在现实生活中找到这种数学体系的具体体现，而只代表它的内涵是合乎逻辑且严谨的——这就是"数学存在"的本质。

中世纪的数学，或者更准确地说是欧几里得几何学，在当时被认为是对世界运行方式的唯一合理解释。欧几里得的几何学包括了对点、线和平面结构的分析，被认为是世间万物"绝对真理"的一部分，甚至可以用来反驳那些宣称人类思维无法掌握某些神学家和哲学家所追求的终极真理的怀疑论者。但是，高斯（Johann Carl Friedrich Gauß）、波尔约（Janos Bolyai）和黎曼（Georg

Friedrich Bernhard Riemann）在 19 世纪发现的非欧几里得几何解释了曲面（比如地球）上点和线的意义，从而深刻地改变了一切。[①] 如今，我们已经明白了很多具备存在可能性的几何形状是如何组构的，在众多公理的支撑下，这些几何形状都是合乎逻辑的。在我们之前定义的数学视角里，所有这些几何形状也都是确切存在的。未来，也许人们还会发现新的逻辑和新的数学，这同时导致一种与数学有关的相对主义产生。数学和物理学的一些学术论著，比如《波浪理论》（*La teoria delle*

---

① 数学家和哲学家们曾争论不休，认为非欧几里得几何是可能存在的。但是对于航海家和艺术家来说，这场争辩的结论是显而易见的。1434 年，荷兰画家扬·凡·爱克的油画《阿尔诺芬尼夫妇像》就是一个凸面镜反射场景的经典范例。这位尼德兰画派大师采用了一种此前似乎从未被人尝试过的方法，凭借想象将欧几里得几何的所有规则和可能性，比如勾股定理等等，绘制在平面的纸张上。在画里，我们可以看到人和物体在曲面镜中经反射所显现的图像。曲面镜历史悠久，一般由玻璃或金属抛光后制成，用途十分广泛，常被用来观察远处的物体。在物理课堂上，我们都了解过，所有的实物和正常镜像都一定遵循着 1 : 1 的大小比例，但是曲面镜中的成像不符合这个平面几何学原理。所以，曲面几何必须有合乎物理理论的公理基础，想要把曲面镜中的像转化成平面形式，需要参照费马定理（1660）关于曲面镜反射的理论（另见约翰·大卫·巴罗的《宇宙湖中月》）。

onde），已经被一些更新颖也更杰出的著作取代，比如《运动波形的数学模型》（*Modelli matematici delle onde in movimento*）。这是因为波形数学理论并不是单一的，人们可以使用现有数学理论的一部分，或者创建一个新的数学理论，来深入了解波形复杂运动轨迹的各个方面。

经过深入观察，我们可以发现古代数学观念是如何延伸的。历史上，西方社会观念赋予数字另一重含义，比如数字 13 会带来厄运，而 7 代表着好运，这便是传统数字命理学的基础。数字命理学被视作毕达哥拉斯思想的传承，在某些领域中仍然流行。它让我们相信，数字 7 在很多情况下都具有特殊含义。在皮亚诺研究成果滋养下成长起来的现代数学家并不会赋予数字、点或线本身任何含义，而只对它们之间的关系展开研究。从这个意义上说，数学是一个针对自然世界客观存在的学科，包含着应用数学和数学物理等细分领域，而对数学模型本身逻辑合理性的探索则成为纯粹数学的研究方向。

第5章
事物的集合

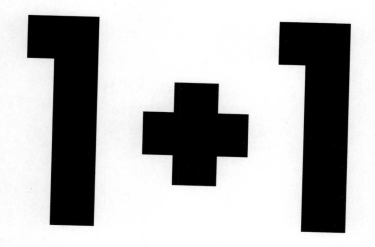

集合就是集合，

一切都是集合。

就像我的宠物，

也是特殊集合。

——布鲁斯·雷兹尼克（Bruce Reznick）①

以一种更正式的方法审视纯粹数学，将其每一部分都当作一个整体，并按照规则对一些起始定义明确的假设（公理）进行推导和演绎，从而引导我们从集合的角度看待数字。这个观点由乔治·康托尔（Georg Cantor）

---

① 布鲁斯·雷兹尼克，《集合就是集合》，1993 年第 2 期。"集合就是集合。如果某个事物不属于任一集合，那么它将不复存在！所以说，天真的人们啊，你们终会见到真正特殊的集合是什么样子。"

在 1874 年阐释运算超限或无穷数量时提出，我们将在第七章进行详细讨论。通俗地讲，集合是若干事物的聚集，可以描述数字等数学含义，也可以用来概括非数学对象，比如茶壶，甚至其他各类事物的总和。所以，集合 {1，2，4，7，9} 包含了集合 {1，2，9}，后者称为前者的子集。而集合 {1，2，4，7，9} 不包含集合 {1，2，3}。我们可以对集合展开多种操作。

两个集合（也可以是更多个）——集合 A 和集合 B 的并集，用符号 $A \cup B$ 表示，代表了包含 A 和 B 两个集合中所有元素的集合。因此，如果集合 $A=\{a，b，c\}$ 且集合 $B=\{3，4，5，a，b\}$ 那么 $A \cup B=\{a，b，c，3，4，5\}$。

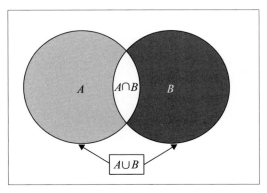

图 5.1 集合 A 和集合 B 的并集和交集

两个集合的交集用 $A \cap B$ 来表示，它包含集合 A 和集合 B 中共同拥有的元素，因此以我们之前提到的集合 A 和集合 B 来说，$A \cap B = \{a, b\}$。

空集是指不含任何元素的集合，用 {} 或 ∅ 表示。[①] 空集是任意一个集合的子集。

差集 $A \backslash B$ 是集合 A 中所有不属于集合 B 的元素的集合，因此在我们之前示例的情况下，$A \backslash B = \{c\}$。

集合 A 和集合 B 的乘积，记为 $A \times B$，是由集合 A 中的元素和集合 B 中的元素两两搭配形成的有序数对的集合，如果集合 $A = \{1, 2\}$，集合 $B = \{a, b\}$，那么 $A \times B = \{ (1, a), (1, b), (2, a), (2, b) \}$。

另一个有趣的概念是幂集。集合 A 的幂集写作 $P(A)$，包含集合 A 的所有子集。如果集合 $A = \{1, 2\}$，则 $P(A)$ 为：

$$\{\{\}, \{1\}, \{2\}, \{1, 2\}\}$$

---

① 杰出的数学家安德烈·韦伊（著名哲学家西蒙娜·韦伊的哥哥）从挪威字母中挑选了这个符号。详情参见安德烈·韦伊的自传——《一个数学家的学徒生涯》，巴塞尔、波士顿、柏林：伯克豪瑟·维拉格出版社，1992 年；意大利语译版：《一个数学家的学徒生涯》，米兰：卡斯泰维奇出版社，2013 年。

这里要注意，我们总是将空集 {} 和整个集合 A 也包括在内，也就是例子中的 {1, 2}。因此，含有 N 个元素的集合的幂集将包含 2^N 个元素，随着集合元素数量 N 的增加，幂集的规模将增长得非常快。

集合有一个有趣又奇怪的特质。在一些庞大的数据集合中，可能藏有许多隐蔽的子集，我们可以根据某些共同含有的元素来选择这些子集，或者将其视为整体数据形态或趋势的一部分。如果外部观察者并未仔细检查和提取出它们的共同元素，那么这些子集是如何存在的呢？或者说，每一个集合存在的意义又是什么呢？康托尔认为集合是持续存在的，无论它们是否被人观察到。这绝对是一个有趣的理论，就好像我们认为米开朗琪罗（Michelangelo Buonarroti）的雕塑作品《大卫》（David）其实存在于每一块大理石中。

实际上，究竟哪些集合可以被真正视为集合是有前提限制条件的。最著名的例子就是"所有集合的集合，其实并不是集合"。[①] 因为如果它被视为集合的话，就会

---

① 当罗素将这个例子（即罗素悖论）发给弗雷格后，弗雷格就放弃了自己仅从逻辑角度建立运算规则的目标。

出现不一致的情况——这就是著名的罗素悖论,它实际上是在探讨一个集合本身是否可以包含它自己。一个包含所有集合的集合既可以包含自身也可以不包含自身,悖论由此而来。下面举一个例子来帮助我们理解这个悖论:一个小镇上有一位刮胡匠,声称自己只为小镇上所有不自己刮胡子的男人提供服务,人们听说了以后不禁产生疑问,那么刮胡匠能不能刮他自己的胡子呢?这样的矛盾悖论在古时就已经存在,其中最有名的是说谎者悖论:如果一个人声称"我在说谎",那么这个人究竟有没有说谎呢?这个悖论还有一个版本更是言简意赅——"这句话说得不对"。

说谎者悖论可以追溯到公元前 600 年左右,由古希腊克里特哲学家埃庇米尼得斯(Epimenides)提出。悖论的具体内容为"所有克里特人都是骗子",或者"我是个骗子"。我们也可以在《圣经·新约》中圣保罗写给提多的信里找到类似的表述。在对此种悖论展开讨论时,我们需要特别小心,因为笼统地称所有克里特人都是说谎者并不一定意味着他们中的每一个人在每次说话时都是如此。从这个意义上来讲,悖论失去了意义。但另一个版本"我在说谎"就要微妙和复杂得多。

这些自相矛盾的结果表明,并非我们认为可以构成事物集合的所有事物都应被视为一个整体,而引入一个更宽泛且不那么严格的"类别"概念是必要的。同属一个"类别"的元素(可以被认为是一个集合)非常直观地拥有一个相同的属性(比如有四条腿),或者可以被视作一个整体。受罗素悖论和其他相似推断启发的精确公理化规则试图阐明"类别"如何可以或如何不可以被视为集合,例如,包含所有集合的"类别"就不能被视为一个集合。

这样,我们得以区分出纯集合。纯集合是符合所有适当"类别"的集合,即使"类别"本身不是集合。在这种情况下,罗素悖论迎刃而解。

空集在定义数字含义方面发挥了重要作用。1923年,涉猎领域广泛的数学家冯·诺依曼展示了如何按照恩斯特·策梅洛(Ernst Zermelo)的主张来解决之前这个在1908年就已提出的问题。[1] 如果我们回顾一下对"纯

① 1923年,冯·诺依曼发表了论文《论超限数的引入》,1923年第1卷;英文译版:《从弗雷格到哥德尔:数学逻辑溯源》,范·海希诺尔特译,剑桥(马萨诸塞州):哈佛大学出版社,1879—1931年。

076

集合"的定义，我们会发现最简单的纯集合是空集，也就是∅；其次是仅包含一个空集的集合 {∅}；然后是仅包含空集以及仅包含空集的集合的集合，即 {∅，{∅}}。同理，我们还可以得到下面这个集合，即包含空集以及上述两个集合的集合，{∅，{∅}，{∅，{∅}}}，以此类推。我们现在可以使用这个仅含有空集的集合生成方法来定义自然数，因此可以将自然数和由空集生成的集合之间的关联表现为：

数字 0 为空集，

数字 1={0}，也就是 {∅}，

数字 2={0，1}，也就是 {∅，{∅}}，

数字 3={0，1，2}，也就是 {∅，{∅}，{∅，{∅}}}，

数字 4={0，1，2，3}，也就是 {∅，{∅}，{∅，{∅}}，{∅，{∅}，{∅，{∅}}}}，以此类推。

这样的话，我们现在就可以从完全虚无开始创造世间万物了！巴门尼德（Parmenides of Elea）曾云"Ex nihilo nihil fit"，意为"从无得无"。相似的表述也存在于莎士比亚（William Shakespeare）的作品中，这位英国剧作家曾借李尔王之口说出了"一无所有只

能换来一无所有"。① 我们之前提到的恩斯特·策梅洛的主张采用了与空集不同的自然数构造来表示相似的理论，在策梅洛看来，0=∅，1={∅}，2={{∅}}，3={{{∅}}}，以此类推。我们在图 5.2 和 5.3 中分别展示了冯·诺依曼和恩斯特·策梅洛的构想。

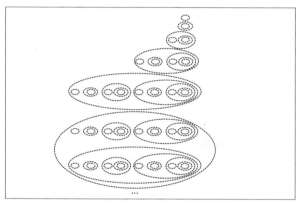

图 5.2 冯·诺依曼的空集生成自然数的构想示意图

---

① 这句经典语录选自莎士比亚《李尔王》的第一幕第一场。这实际是当时深受广大作家欢迎的一种虚无主义悖论体现的一部分，因为这使他们可以在作品中提出可能会被视作异端思想的观点，特别是在当时谈论此话题有极大风险的情况下。如果有人胆敢阐述自己的想法，就好像在挑战这一话题。详情可见巴罗所著《关于虚无的宏伟历史》，米兰：蒙达多利出版社，2001 年。其中可以查阅到文学领域讨论虚无主义的例证和详析。

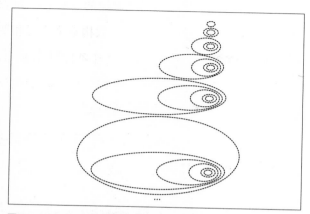

图 5.3　恩斯特·策梅洛的空集生成自然数的构想示意图

　　许多数学对象的相加操作并不符合 1+1=2 的运算规则。假设两个均为 1 的力以垂直方向作用在你身上，那么这个作用在你身体上的合力并不等于 2，而是对应于等分两个垂直方向的力相交的角度所构成的对角线方向，如图 5.4 所示。

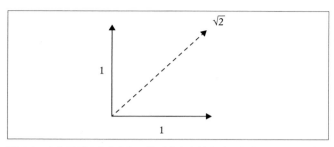

图 5.4 当你受到两个大小为 1 的垂直方向的力时，你感受到的合力等于 $\sqrt{2}$，即大约 1.414，而不是 2

用虚线表示的对角线与两个垂直方向的力的夹角均为 45°。[1] 强度 M 是通过勾股定理应用于具有斜边 M 的三角形得出的，其中：

$$M^2 = 1^2 + 1^2 = 2$$

因此，M，即 1 和 1 的垂直的力之合力，等于 $\sqrt{2}$，大约为 1.414。

---

[1]　发生这种情况是因为我们限定了数量的强度、方向和作用对象。如果作用在我们身上的力的角度不是垂直方向的，那么合力的结果就不等于 $\sqrt{2}$。

第 6 章
1+1=2，
怀特海和罗素的演示

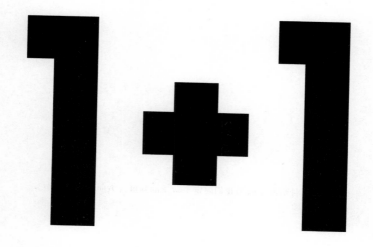

逻辑学家的工作是那么重要，他们使英语成为一种可以清晰且精确地对任何命题展开思考的语言。不过，相较于对数学领域的贡献，"数学原理"对我们所讲语言的贡献可能更大。

——托马斯·斯特尔那斯·艾略特
（Thomas Stearns Eliot）[1]

伯特兰·罗素和阿尔弗雷德·诺斯·怀特海曾同为剑桥大学三一学院的研究员。怀特海比罗素大 10 岁左右，是后者的导师。在完成了一系列相对轻松的工作之后，他们着手一个重大项目，也就是《数学原理》的撰

---

[1] 托马斯·斯特尔那斯·艾略特，《标准》杂志，1927 年 10 月第 6 卷。

写,他们最终花费了 10 年时间才完成这本著作。实际上,他们只是偶尔在一起工作,这本书的大部分内容是在 1906 年秋至 1909 年秋之间完成的。当时怀特海住在剑桥,而罗素住在牛津。[①] 完整版的《数学原理》在 1910 年至 1913 年间被剑桥大学出版社分成三卷出版。将这本数千页的数学逻辑著作以手工打字的方式印刷成册的成本可以说非常高昂(约 600 英镑),在皇家学会的资助下,这本书最终得以出版,但仅印刷了 750 份。原版《数学原理》的存世数量极少,罗素有一次曾提到他自己只相信有大约六个人读过这本书的原版。在当时,第一卷的价格为 1.25 英镑。而最近,一个售卖珍本书籍的网站在以 11 万美元的价格出售《数学原理》全三卷的精装原版!

怀特海和罗素十分坚定地将所有数学归为逻辑学,并使用标准的逻辑演绎规则来证明数学的完整性和严谨性。他们试图尽可能少地使用初始公理,因为他们

----

① 格拉坦 – 吉尼斯,《英国皇家学会对怀特海和罗素〈数学原理〉出版的资助》,收录于英国皇家学会的《注记与记录》,1975 年第 30、90 卷。

坚信这些公理并不应该基于对自然世界的观察。在书稿撰写期间，他们发展并创立了许多新的逻辑符号和演绎内容。但是他们这种被称为"逻辑主义"的方法论是注定要失败的，在我们了解了奥地利逻辑学家库尔特·哥德尔（Kurt Gödel）的研究成果后，这一点会更加显而易见，我们将在第八章对此详细讨论。

事实上，哥德尔在1931年曾宣布，如果逻辑系统是严谨的且庞大到足以包含算术，那么就没有任何逻辑系统可以被用来推导出全部的数学真理。

《数学原理》无疑是一个可以代表人类智力的杰出成就。不过，这本著作中的很多方面并不具备实用性，有明显的重复，也在后来被证明是在沿着理论的死胡同发展。书中，集合这个概念从未被提及，而且在不久之后就被发明的部分逻辑工具也难寻踪迹。一个很自然的结果就是，《数学原理》一些章节的内容并未被广泛采纳和应用，并且时至今日，这些内容也难以进入数理逻辑的课堂。只有研究数学和逻辑领域的历史学家仍然对这本书感兴趣。罗素在三一学院的同事——数学家戈弗雷·哈代（Godfrey Hardy）曾回忆过这样一则逸事：

> 我清楚地记得伯特兰·罗素曾给我讲述过一个非常糟糕的梦。他梦到自己穿越到了 2100 年左右，身处大学图书馆的阁楼上。这时，一位图书馆管理员提着一个巨大的篮子在书架间徘徊，管理员把书架上的书拿下来，观察并思考一番后，要么把书放回书架上，要么扔进篮子里。最后，管理员看到了三本大部头，罗素认为这些就是《数学原理》仅存的纸质版本。管理员拿出一卷，简单翻看了几页，不时地似乎展现出对某些象征意义的内容很感兴趣。之后管理员合上了书，又端详了一下手里的书卷，露出了纠结的神情……[1]

如今的数学家们并非执着于寻找某一条逻辑或某

---

[1] 戈弗雷·哈罗德·哈代，《一个数学家的辩白》，剑桥：剑桥大学出版社，1940 年；意大利语译版：《一个数学家的辩白》，都灵：林道出版社，2020 年。

一组公理来作为整个数学学科的基础。[1] 他们意识到可以创建不同的公理集合以对应他们研究的不同细分领域，比如欧几里得或非欧几里得几何、三值逻辑、群论和各种类型的代数。数学家们将公理化命令转移到计算机环境中，以此搭建严谨且一致的程序来解决特定问题（"例程"或"计算机应用"）。一致性对于根据明确定义的规则集合从而正确地指导计算机运行至关重要。一些著名课题，例如四色问题[2]，一开始就是在计算机的帮助下解决的，因为处理一个理论的反例，必须考虑到特殊情况并对其进行海量验证。

但在罗素和怀特海的那个时代，情况并非如此。在 19 世纪中叶，乔治·布尔（George Boole）通过

————————

[1]　斯蒂芬·沃尔弗拉姆表示自己 2000 年在计算机上对所有可能存在的公理系统的空间进行了搜索，并找到了最简单的标准逻辑命题系统。以结果为导向，他可以判断出这条逻辑在所有可能的公理系统中的位置；在按规模大小进行自然枚举后，他的这条逻辑大约排在第 50000 位。而我们熟悉的大部分数学系统都需要在一个比这个"基本逻辑"更大的系统内运行。

[2]　四色问题指的是在为地图上的各个国家版图涂色时，为了保证相邻国家的颜色不会相同，所需的颜色数量最少为四种。

代数过程形成的逻辑创造了我们现在非常熟悉的"布尔代数"。[①]而弗雷格、戴德金和皮亚诺使用了集合理论来定义数字，还为集合的并集和交集制定了加法和乘法运算的规则，这些概念的范围比运算本身更加宽泛。[②]

为了将数学运算转化为逻辑运算（本质上就是我们现在常见的计算机程序），罗素此前曾为莱布尼茨撰写过一部精彩的传记，讲述了莱布尼茨是如何在 17 世纪末尝试建造一个可以给所有问题作出解答的机器，包括数学、神学和政治学等问题。

我们可以从数学发展过程得到这样一种经验，即数学系统可以根据我们的意愿而以任何方式被定义，只要其中的理论连贯且一致即可。数学系统的定义并不需要源于自然世界或者出自由其产生的某种动机。我们可

---

① 乔治·布尔，《思维规律的研究》，伦敦：沃顿·玛伯利出版社，1854 年。

② 对于自然数来说，加法对应的是不相交的并集，乘法对应的是笛卡尔乘积。而对于二进制运算，在只有 0 和 1 的情况下，交集对应着乘法，并集对应的是加法减去乘法。

以将数学当作一种可以自由发挥的游戏，比如，可以举这样一个例子：假设有四种数量，我们将其分别命名为约翰、皮诺、阿莱西亚和乔，在表 6.1 和 6.2 中展示的是我们为这些数量定义的加法和乘法运算规则。

表 6.1　加法规则。例如：皮诺 + 皮诺 = 阿莱西亚；阿莱西亚 + 乔 = 皮诺

	约翰	皮诺	阿莱西亚	乔
约翰	约翰	皮诺	阿莱西亚	乔
皮诺	皮诺	阿莱西亚	乔	约翰
阿莱西亚	阿莱西亚	乔	约翰	皮诺
乔	乔	约翰	皮诺	阿莱西亚

表 6.2　乘法规则。例如：皮诺 × 皮诺 = 皮诺；阿莱西亚 × 乔 = 乔 × 阿莱西亚 = 阿莱西亚

	约翰	皮诺	阿莱西亚	乔
约翰	约翰	约翰	约翰	约翰
皮诺	约翰	皮诺	阿莱西亚	乔
阿莱西亚	约翰	阿莱西亚	约翰	阿莱西亚
乔	约翰	乔	阿莱西亚	皮诺

我们之所以介绍怀特海和罗素的复杂工作，是因为他们从简单的公理开始来证明 1+1=2。证明过程在经过前两卷的数百页之后才告一段落。当然，在这些篇幅里，两位作者也分析并证明了许多其他方面的内容。

通过图 6.1，我们可以对《数学原理》的原文产生大致印象，图中的内容展示了证明 1+1=2 的部分过程。现在，我们将尝试让非数学专业人士也变得容易理解这个过程。

∗54·43. $\vdash :. \alpha, \beta \,\epsilon\, 1 . \supset : \alpha \cap \beta = \Lambda . \equiv . \alpha \cup \beta \,\epsilon\, 2$

Dem.

$\vdash . \ast 54\cdot 26 . \supset \vdash :. \alpha = \iota' x . \beta = \iota' y . \supset : \alpha \cup \beta \,\epsilon\, 2 . \equiv . x \neq y .$

$[\ast 51\cdot 231] \qquad\qquad\qquad\qquad\qquad \equiv . \iota' x \cap \iota' y = \Lambda .$

$[\ast 13\cdot 12] \qquad\qquad\qquad\qquad\qquad \equiv . \alpha \cap \beta = \Lambda \qquad (1)$

$\vdash . (1) . \ast 11\cdot 11\cdot 35 . \supset$

$\qquad \vdash :. (\exists x, y) . \alpha = \iota' x . \beta = \iota' y . \supset : \alpha \cup \beta \,\epsilon\, 2 . \equiv . \alpha \cap \beta = \Lambda \qquad (2)$

$\vdash . (2) . \ast 11\cdot 54 . \ast 52\cdot 1 . \supset \vdash . \text{Prop}$

From this proposition it will follow, when arithmetical addition has been defined, that $1 + 1 = 2$.

∗110·643. $\vdash . 1 +_c 1 = 2$

Dem.

$\vdash . \ast 110\cdot 632 . \ast 101\cdot 21\cdot 28 . \supset$

$\vdash . 1 +_c 1 = \hat{\xi} \{ (\exists y) . y \,\epsilon\, \xi . \xi - \iota' y \,\epsilon\, 1 \}$

$[\ast 54\cdot 3] \quad = 2 . \supset \vdash . \text{Prop}$

The above proposition is occasionally useful. It is used at least three times, in ∗113·66 and ∗120·123·472.

图 6.1　《数学原理》关于证明 1+1=2 的部分过程

　　罗素和怀特海使用了一套与现在有所区别的运算符号和逻辑符号，但还是让我们关注和体会证明过程中的关键想法，并理清这里的逻辑思维是如何运作的。两位数学家使用了点而不是括号来表示大集合内子集合的顺序（这种用法来自皮亚诺所使用的符号，他在巴黎的一次会议上直接启发了罗素也采用相同的方法）。当有许多括号相互嵌套时，使用这种符号看上去会更简单，即使在我们眼中这样略显陌生。比如，现在我们使用的写法应该是这样的：

$$[(1+3) \times 4] +6$$

　　而在《数学原理》中，同样的过程写作这样：

$$1+3. \times 4 : 6$$

　　符号"："，也就是我们现在所用的"冒号"，在算式中指示的是其左侧的整个算术是独立运算的，因此最后加上 6 的运算要在冒号左侧的全部算式得出结果后进行，从而得出最终结果 22。对于更复杂的算式，则可以用更多的点来进行区隔，比如我们可以用三个、四个或更多的点构成的符号，像 ".:"".:" 或 "::" 等等。

图 6.1 中最上方 54·43 行的内容试图证明的是，如果集合 α 和集合 β 都恰好仅有一个元素，那么当且仅当它们的并集恰好有两个元素时，二者才不相交。在之后的文本里，"Dem." 是一个缩写，表示的是 "证明"一词。接下来的 54·26 行表达的是，如果 α={x} 且 β={y}，则当且仅当 x 和 y 为两个不同的元素时，α ∪ β 所含的元素数量为 2。因此，51·231 行指出，当且仅当集合 {x} 和集合 {y} 不相交时，"x 不同于 y" 为真，也就是 13·12 行所展示的，α ∩ β=Λ（即空集∅）。

证明过程进行到这一步时，怀特海和罗素得出了结论，将之前得到的结果标记为（1），那么如果 α={x} 且 β={y}，则当且仅当 α ∩ β 为空集时，α ∪ β 含有两个元素。这个结论在原文里被标记为（2）并证明了我们在 54·43 行中试图证明的内容。本质上，这就意味着 1+1=2，因为我们知道，如果 α 和 β 都仅包含一个元素，那么如果这两个集合不相交，就证明了它们的并集（也就是两个集合的 "和"）包含两个元素。图 6.1 最下面一部分选自第二个摘录 110·643：计算 1+1 需要找到 1 的两个不相交的元素，并对它们求并集。结论 54·43 表明它们的并集一定含有两个元素，这与之前选用何种元素无关，因此最终可以证明 1+1=2。两名作者还用典型的英式幽默轻描淡写地表示："这个结果证明 1+1=2 '偶尔还是成立的'！"

　　以上这些内容都属于相当复杂的理论知识，我们的分析先暂时到此。事实上，罗素也意识到了他的大脑在这种工作强度下感到十分疲倦。之后，他也没有再继续对数学基本理论的研究。

第 7 章
超限算术

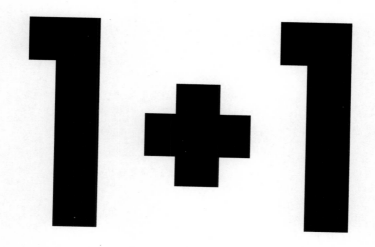

无限将可能变成必然。

——诺曼·卡森斯（Norman Cousins）[1]

在历史上的所有思想家之中，亚里士多德代表着对无限这个概念最深刻的思考。[2] 他区分了无限的两种类型——潜在的和实际的，也就是潜无穷和实无穷。潜无穷的例子有自然数 1、2、3、4······以此类推，无穷无尽；还包括负数······、-6、-5、-4、-3、-2、-1，负数数列的起始我们永远无法触及。数列其实可以被称

---

[1] 摘自《周六文学评论》，1978 年 4 月 15 日刊。
[2] 出生于埃利亚的芝诺在公元前 450 年左右提出了四个著名的悖论，同样启发了人们对无限这一概念的思考。不过，亚里士多德认为芝诺关于在有限时间内可能发生无限多事情的假设是一个属于合理性层面的错误。

为无穷无尽的（如果你质疑这一点，请试着再加上 1），因为它会永远持续下去。我们可以将这个数字序列称作"趋于无穷大"，因为它永远不会到达尽头。即使是在无限的宇宙空间，情况也是一样的，我们面对的是一个永远无法抵达尽头的无尽空间。在这样的背景下，我们得以对潜无穷的含义有了初步了解。在亚里士多德看来，理解潜无穷的存在并没有任何困难。而让亚里士多德真正感到不安的是实无穷。实无穷指的是可测量和可观察到的某领域数值的无限大，比如温度、亮度、物质的密度、力度或者速度，这些概念能够直接影响我们的生活，并激发我们对亚里士多德的某些观点展开讨论。亚里士多德曾质疑在太空中寻找到完美真空的可能性，因为他认为这种真空的存在对运动完全不产生任何阻力，以至于可以让物体达到无限的速度。相反，他一直认为时间尺度下的过去和未来都是无限的，因为他不相信时间存在开端或者尽头。他还主张物质是可以被无限分割的。例如，在两个存在距离的点之间总是可以找到一个中间点，而在两个实数之间，甚至在两个分数之间，比如在 $x<y$ 的情况下，总是可以得到二者的算术平均值，即

（ $x+y$ ）/2。但是，在这种环境下除了密度，亚里士多德还考虑到了直线的连续性。在无限理论这一点上，他反对原子论者的观点，因为原子论者相信存在着不可再被分割的单位（"原子"因此得名），也就是最小的物质存在，他们认为世间万物都是由原子构成的。

中世纪时，亚里士多德的哲学与天主教的神学相互融合，两个有关无限的概念与天主教神学的重要观点应运而生。首先被提出的也是最被世人熟知的，就是只有上帝是具有无限属性的。任何声称存在其他无限的事物——无论是数学层面的还是其他性质的——都代表着异端思想对天主教教义的挑战。针对这种带有偏见的无限论研究，笛卡尔如此评价道：

> 这样，我们用"无限"这个词形容上帝，并且只用来形容上帝，在上帝身上我们察觉不到任何限制，无论在何种情况下，这种理解真切地告诉我们限制并不存在于上帝。[1]

---

[1] 此为勒内·笛卡尔于《哲学原理》中的表述，由迈克尔·布莱引用在《无限的推理》（芝加哥：芝加哥大学出版社，1993 年）一书中。

另一位思想深刻的法国哲学家布莱兹·帕斯卡（Blaise Pascal）持有相反的观点，他强调在自然界存在着现实性的双重无限，即经常被忽视的无穷大和无穷小之间的相关性。在他看来，无穷小这个概念其实大有乾坤，因为这存在于每一类物质中，甚至就在人类的手掌间。[①]

另一个潜在的"威胁"则是无穷大，就好比没有尽头的自然数序列被视为对全能的上帝提出的一种挑战。上帝到底能不能使一个序列终结并将其无限的本质神化？这曾激发了圣奥古斯丁的思考，他认为上帝的智慧足以应对无限带来的挑战：

> 有些人认为，即便是上帝的先知也不能涵盖那些无限的事物。如果他们真的说出了这样的话，那么等待他们的就只有堕入亵渎神明的深渊。他们敢于猜想，认为上帝并不能数

① 关于无限概念的发展历史和不同立场的更深入探讨，可以参考约翰·大卫·巴罗的《无限之书》，伦敦：乔纳森海角出版社，2005 年；意大利语译版：《无限》，米兰：蒙达多利出版社，2005 年。

出所有的数字，因为数字是无限的。这一点不假，数字当然是无限的……但这是否意味着上帝对数字是无限的这一点一无所知？上帝掌握的知识是否在到达一定范围后就止步不前了呢？恐怕没有人会疯狂到支持这种想法……因此，毋庸置疑每个数字对于我们来说都是已知的……应当承认，每一种无限都是以我们无法表达的方式呈现的，而这在上帝的眼中是有限的，因为这些我们认为的无限并未超出上帝的认知能力。[①]

类似的问题，比如上帝的行动是否受到自然法则和逻辑的限制，都源于中世纪时期的争论。而结论是上帝可以作出任何逻辑允许的行动（比如在算术中，上帝无法使 1+1=3）并且了解一切可以被知晓的事情。从这个意义上说，掷骰子所产生的随机数原则上可以被认为在掷骰子这个动作本身发生之前是不可知的（除非有人

---

① 奥古斯丁，《上帝之城》，第12卷第18章。

可以提前掌握骰子的详细动向）。[1]

尽管如此，数学领域中对接纳无限这个概念的反感一直持续到中世纪之后。一些活跃于19世纪的杰出数学家，比如卡尔·弗里德里希·高斯，仍然坚持认为

---

① 如果我们将一枚硬币从高度 H 以起始速度 V 抛向空中，它会在时间 t 后上升到高度 $h=H+Vt-1/2gt2$，其中 g 为重力加速度。在 $T=2V/g$ 的时间后，硬币会落回到相同高度 H 的抛硬币人的手中，也就是说 h 其实等于 H。如果将硬币以每秒旋转 R 次的方式抛向空中，根据公式 $N=T\times R=2VR/g$ 可以得出，硬币会旋转 N 次。从公式中可以看出，如果要让硬币旋转多次，向上的速度 V 必须足够大，这样才能让硬币在空中上升的幅度变大。当然，硬币在空中的旋转还只是一个相当基本的课题。如果抛出硬币的时候仅让硬币以很小的幅度旋转或者完全不让硬币旋转的话，就像飞盘那样，硬币落下时就可以依旧保持着抛出时的正反面方向状态，并不会产生翻转。刚刚提到的公式还可以预估可能性。如果 N 仅为1，那么硬币会被非常缓慢地抛出，正面朝上地落下，当然之后的尝试也可能反面朝上落下。当 N 介于2和3、4和5或6和7……之间时，硬币落下时两个面的状态将会和被抛起时保持一致。而如果 N 介于3和4、5和6或7和8……之间时，硬币落下时两个面的状态则会和被抛起时相反。如果把 N 变大，比如大于20时，决定究竟正面朝上还是反面朝上的 V 和 R 的影响将会越来越接近，抛掷时条件的细微不同足以决定硬币落下时是正面还是反面。一般情况下，V 约为2米/秒，而 g 约9.8米/秒2，所以硬币在空中停留的时间为 $2V/g$，也就是0.4秒。为了使硬币在空中停留足够长的时间，以保证其可以旋转超过20次，从而使最终结果接近五五开，抛硬币的时候需要保持硬币的起始旋转速率超过 20/0.4，即50转/秒。

唯一可以接受的无限是亚里士多德提出的潜无穷。无限不可能存在于物理学中，也不会存在可能得出如下结论的欺骗性数学推理：

$$1+ \infty = \infty = 2+ \infty，所以 1=2$$

相当一部分德高望重的数学家担心，在数学领域接纳无限这一概念会导致其整个逻辑结构崩溃，因为在逻辑系统中谬误推理是被允许的，所以任何结论都可以被证明是正确的。这使一种名为"有限论"的数学方法得以发展，这种方法只承认那些基于初始运算公理且仅经过有限步骤后被证明的定理是"成立的"。在本书第十章，我们将讨论数学界"建构主义"的观点。这种对数学真理所表达内容的定义衍生出了一种比如今的数学系统"更小"的数学，因为它将非构造性证明拒之门外。这指的是在证明过程中先假设"某事"为真，并在此基础上推导出逻辑矛盾，以此来证明最初的"某事"不可能成立；或者是有人证明某物应当存在，但并无法以具体的方式描述它，也不能说明它是如何构造的。这种哲学命题在数学界引起了极大分歧，因为这种理论的许多支持者都较为激进，还担任着学术期刊主编或学院院长等要职。当时，许多学术期刊的整个编辑委员会都以集体辞职加以抗议，谴责这种试图改变"数学真理"含义的行为，拒绝为书刊发行作出"非建设性"贡献。

一位德国数学家成了这场争执的受害者，那就是乔治·康托尔，尽管他的工作成果如今被认为是经典之作，且使对无限的研究成为一个严谨而充满魅力的研究领域。这位德国数学家的研究成果被许多数学期刊的拥趸严厉批评，康托尔逐渐开始变得抑郁，之后又精神崩溃到远离了数学研究一段时间。在此期间，他把心思花在了数字系统起源的历史上（见第二章），发挥出了自己身为绘图员和艺术家的杰出才能。康托尔甚至还深入研究了一个备受争议的问题，即莎士比亚是否真的是其名下作品的唯一作者。

康托尔展示了如何正确定义一个无限集，还指出存在着一个由越来越大的无限组成的无限层次结构，并且阐明了这种情况下"大"的准确含义。康托尔还引入了有关无限的运算，我们现在称之为"超限算术"。

就像我们将看到的这样，这种运算遵循的法则有异于皮亚诺定义的运算规则和我们现在每天使用的有限数算术。通过无限（∞）的组合，康托尔的新运算方法可以被写为：

$$∞ + 1 = ∞$$

$$∞ + ∞ = ∞$$

$$∞ - 1 = ∞$$

$$∞ × ∞ = ∞$$

康托尔的灵感来自伽利略的发现，伽利略曾观察到人们计数习惯的一个有趣特征。[①] 伽利略认为自然数 1、2、3、4、5……这样的序列是无限的，而它们的平方数序列 1、4、9、16、25……同样是无限的。伽利略这样写道：

　　事实上，到了 10 的平方数，我们得到的是 100，也就是说前 100 个自然数里有 10 个平

---

① 伽利略·伽利雷，《关于两门新科学的对话和数学证明》，都灵：博林吉耶里出版社，1958 年。

方数，比例是十分之一；而到了 1000 时，平方数仅占所有数字的百分之一；如果到了一百万，平方数只占了千分之一。[1]

平方数的集合肯定小于整个自然数的集合，因为平方数一定是自然数集合的子集。这一切看上去似乎只是个常识。然而，伽利略补充道，如果我们按以下方式将第一个集合的元素（所有自然数）与第二个集合的元素（所有自然数的平方数）关联起来：

$1 \leftrightarrow 1$，

$2 \leftrightarrow 4$，

$3 \leftrightarrow 9$，

$4 \leftrightarrow 16$，

$5 \leftrightarrow 25$，

以此类推……

将每个整数与其平方数相关联，可以得出第一个

---

[1] 伽利略·伽利雷，《关于两个主要世界体系的对话》，米兰：松佐尼奥音乐出版社，1962 年。

自然数集合（左侧列）的每个元素都对应于平方数集合（右侧列）的一个（且仅有一个）元素。因此，两个集合一定包含了相同数量的元素！伽利略清楚地知道无限这个概念会产生悖论，所以最好将其暂时搁置，因为"我们不能用'更大''更小'或者'相等'这些词形容无限"。当然，还存在其他一些简单例子，大家可以自行思考：所有偶数（2、4、6、8……）或所有奇数（1、3、5、7……）都可以被用来代替平方数以验证伽利略提出的质疑。

在无限面前，即便是智慧过人的艾萨克·牛顿也感到迷惑。实际上，他认为在伽利略的悖论中，"平方数"的数量比自然数少。他是这样解释的（实际上牛顿的想法并不正确，就像伽利略曾表达的那样，康托尔之后也会阐明）：

首先，一英寸内存在着无数个无限小的长度，所以在一英尺内无限小的长度的数量是一英寸内的十二倍。也就是说，一英尺和一英寸两者所含的无限小的长度数量都是无限的，但

这两个"无限"并不相等，而是足足相差了
十二倍。[①]

1873 年，康托尔意识到令伽利略陷入尴尬的悖论
是一个在处理任何无限集合时都无法逾越的障碍，然而
实际上并非如此。伽利略和牛顿的例子有一个简单的共
同点，就是他们都提出了两个对象（我们也可以称它们
为集合），从而产生了这种悖论，因为实际上其中一个
集合将另一个集合包含为子集（换句话说，所有自然数
包含了其对应的平方数作为子集）。在此基础上，当一
个集合被定义为是无限的，它可以与一个适当的子集中
的元素一一对应，就像伽利略提出的自然数和其对应的
平方数一样。作出这一解答的是戴德金，而不是康托尔。
康托尔更倾向于认可另一个假说，也就是创造一个"无
限"的集合，但不能与 {1，2，⋯⋯，n，⋯⋯} 中的任
何正整数 n 进行对应。这看起来似乎是表达同一方法的

---

① 选自牛顿写给本特利第二封讨论无限概念的信。详情请参阅伯纳
德·科恩著《艾萨克·牛顿关于自然哲学的信函》，剑桥（马萨诸塞州）：
哈佛大学出版社，1958 年。

两种不同方式，但想要证明二者的等同性绝非易事。

康托尔意识到自然数集合中的这种一一对应其实本质上就是对集合内元素的逐一计数。他将这些元素，也就是逐渐趋于无穷的数字，称作"基数"。首先，他将那些可以与自然数一一对应的无限集合定义为可数集合，并用希伯来语字母"$\aleph$"指代它们的基数，并附下标 0（$\aleph_0$）。这只是一段令人叹为观止的数学智慧旅途的第一步，它将证明一座由更大的无限所构成的无限之塔的存在（基于更大的基数）。一方面，康托尔证明了有理数的集合，也就是由小数组成的集合，实质上是可数的无限，明确了这些元素的计数方式暗藏玄机。我们知道，有理数可以被唯一地表示为 p/q 形式，其中 p 和 q 均为整数，即除了 1 和 –1，不存在其他的公约数。q 还应为正数，否则这个分数将可以被约分，例如 2/4 等于 1/2；4/2 等于 2 或者 2/1。康托尔采用的方法被称作"对角线法则"，根据 p 和 q 相加的和重新排列为约分过的分数 p/q（且为正的分数）。从 $p+q=2$ 的分数开始（即唯一的 1/1），继续得到 $p+q=3$（即 1/2 和 2/1），然后是 $p+q=4$（即 1/3 和 3/1，因为 2/2 已经被约分为 1/1），然

后是 $p+q=5$（即 1/4、2/3、3/2、4/1），以此类推。只有有限数量的分数拥有相同的 p 和 q 相加的和。如果总和相等，则按照 p 的大小升序排列，即遵循通常惯用的分数排列顺序。我们可以得到如下所示的序列：

1/1、1/2、2/1、1/3、3/1、1/4、2/3、

3/2、4/1……

这将为正的分数按照与 1、2、3、4……相同的方式排列，因此与自然数一一对应。两个集合都是可数的，且基数 ℵ 为 0。经过简单的调整，这一方法也可以应用于所有分数，甚至零和负数。

然而，早在 1874 年，康托尔就已经完成了另外一种关于数字集合的证明，也就是实数的基数与可数数字是不同的。他的定理对后世产生了重大影响，尤其是康托尔自己仍耗费了多年的时间来优化这一发现。他提出，就好像之前我们探讨的那样，基数并非只有一个，而是一个不可数的无限，仿佛一个令人感到眩晕的深渊，使这个问题变得万分棘手。

对于实数，康托尔是这样处理的：他观察到在整个

实数数轴上，每一小段都拥有相同的基数，例如 0 和 1 之间的区间（极值除外）。对于这一点，任何学习过三角学和正切函数的人都可以轻松理解。所以我们只要排除 0 到 1 之间的实数可以与自然数一一对应即可。我们可以另辟蹊径，从相反的角度先假设这样的对应关系是存在的，所以我们先将 0 和 1 之间的实数与 0、1、2、3……对应列出。我们知道，实数是遵循十进制规则来表示的，比如 0.23610984……对于每个实数各自的表示方式是唯一的，0.24000……=0.239999……这种情况除外。对于这种特例，我们暂且不去深究它的原理，只需要明白基本规则是 0.999……与 1 相等。数字 0 和 9 经常会引起混淆和错乱，可谓是数学界的一种"危险信号"。

简单起见，我们假设 0 和 1 区间的结果如下所示。其中的具体数字并不重要，因为这个方法使用的是随机的数字。不过，我们还是要注意带下画线的数字，在由上到下的每一行里，下画线会逐渐向右移动。

$$0 \rightarrow 0.\underline{2}3566789\cdots\cdots$$

$$1 \rightarrow 0.5\underline{7}560366\cdots\cdots$$

$$2 \rightarrow 0.46\underline{3}77521\cdots\cdots$$

$$3 \rightarrow 0.846\underline{2}1340\cdots\cdots$$

$$4 \rightarrow 0.5621\underline{0}628\cdots\cdots$$

$$5 \rightarrow 0.46673\underline{2}30\cdots\cdots$$

以此类推。

可以看到，带下画线的数字分别为 2、7、3、2、0、2……现在，我们设想出 0 到 1 之间的任意一个数字，这个数字的小数点后是这样构成的：

小数点后第一位是除 2 之外的十进制数字，为避免混淆，不能是 0 或 9，

小数点后第二位不为 7，并且也不能是 0 或 9，

小数点后第三位不为 3、0、9，

小数点后第四位不为 2、0、9，

小数点后第五位不为 0 或 9，

小数点后第六位不为 2、0、9，

以此类推。

我们可以看到，每一位的数字都可以从 10 个可用数字中排除掉 3 个数字，因此至少留下 7 个数字可供选

择。但是，这样组合出的数字不能出现在集合中的任何地方，因为它与上面列出的每个数字都至少有一位数字不一致。

因此，在 0 和 1 这个区间内的实数，同理也可得到其他所有实数，就构成了一个不可数的无限。我们通常使用"连续"这个术语来表示这种无限，其基数表示为 $2^{\aleph_0}$，原理我们稍后会提到。

通过这种精妙绝伦的方法，康托尔成功证明了存在着无法与彼此一一对应的不同无限。这被认为是数学领域最伟大的发现之一。

我们有理由相信，"连续"是科学应用中可以遇到的最大的无限，它的基数实际上是实数集的基数。我们也可以证明，它同时还是复数集的基数。

然而，仍然存在着更大的无限，这就牵扯到了数理逻辑。正如之前提到的，康托尔确实证明了在特定数学公理的前提下，存在着一座由不同的无限组成的无限之塔。我们提到的"更大"，恰恰是为了强调"连续"并不是无限这个"故事"的结局。

为了创造这些层出不穷的新无限，康托尔提出了所谓的"集合的幂",即其子集的集合。在有限的前提下，如果一个集合有 N 个元素，那么它的幂集则有 2^N 个元素。例如，集合 {1，2，3} 的幂集为：

$$\{\varnothing, \{1\}, \{2\}, \{3\}, \{1, 2\}, \{1, 3\}, \{2, 3\}, \{1, 2, 3\}\}$$

共含有 8 个集合。

同样的情况会无穷无尽地出现。正如康托尔强调的那样，没有任何集合与其子集是一一对应的。例如，自然数集是可数的，但它的子集和实数集合一样，都以"连续"作为基数。此外，这一发现证明了"连续"可以被表示为 $2^{\aleph_0}$，也就是 2 被提为自然数的基数，类似于幂集在有限条件下的情况。

这种构造可以无止境地不断重复下去，从每个幂集传递到由其产生的新幂集中，即传递到它的子集的集合。通过这种方法得到的基数会变得越来越大。

但是，不论幂集如何变化，不排除可以生成其他基数的可能性。如果想把所有的基数全部整理清楚，首先需要明确集合这个概念究竟为何物，甚至参透集合的公理化理论。

　　在这些基础性的说明之外，康托尔还论证了从可数性开始，之前提到的"无限之塔"的构件是如何排列的。也就是说，每一个无限的增长尺度都比前一个无限要大，且没有无限与其他的任何一个无限能做到一一对应。在 $\aleph_0$ 之后还有 $\aleph_1$（$\aleph_0$ 后面的第一个）、$\aleph_2$，以此类推。[①]

　　尽管如此，康托尔的"无限之塔"并没有尽头。在"塔"的顶端，绝对的无限享受着无尽的台阶上那至高无上的荣耀，绝对无限可以用"欧米茄"的大写字母 Ω 表示。然而，这个 Ω 已经不再局限于科学范畴。根据康托尔的解释，Ω 在某种程度上等同于上帝的超越无限。康托尔是一位虔诚的路德派教徒，在实践中致力于将亚里士多德认为的不正确的或潜在的信仰上的超越无限和数学层面上可接受的两种无限区分开来，也就是他所研究的集合的无限以及基数的无限。

---

① 我们可能会好奇"连续"在这个结构中的位置。康托尔认为"连续"成为 $\aleph_0$ 之后的第一项，因此与 $\aleph_1$ 相等，这一猜想被称为"连续统假设"，也被视为集合理论中最复杂的问题之一。库尔特·哥德尔在 1938 年和保罗·科恩在 1963 年分别表示无法使用集合的标准公理来证明或证伪这一命题。

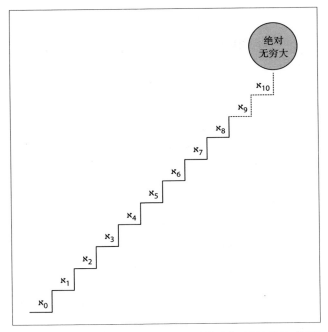

图 7.1 康托尔提出的由越来越大的无限所构成的不断上升的"无限之塔"

　　如今，无限这一概念拥有三大特征。第一，它拥有至高无上的完美性，是一种完全独立的存在，并以超脱万物的形式在上帝身上得以体现，我们称之为绝对无限，也可以简称无限；

第二，它是创造世间万物所依循的尺度；第三，它可以在抽象思维中被感知，例如数量级、数字和数序。[1]

康托尔对绝对无限的思考方式与著名的安瑟伦关于上帝本体存在的论证想法如出一辙，并提出了一个比其他任何观点都更优越的想法。[2]

遗憾的是，康托尔的伟大发现在一些主要数学期刊的保守派编辑那里得到的只有冷遇。"有限论者"彻底否定了康托尔的工作，指责他"腐蚀了年轻人"，并蔑称他为"科学骗子"。[3] 当时极具影响力的数学家利奥波德·克罗内克（Leopold Kronecker）这样写道：

数学定义应该遵循在有限数量的步骤后得

---

[1] https://www.uni-siegen.de/fb6/phima/lehre/phima10/quellentexte/handout-phima-teil4b.pdf.

[2] 这意味着按照康托尔的革命性推论，人们可以创造出一个绝对否定来证明魔鬼的存在！不过康托尔从未对负无限展开过思考，因为这与他的设想背道而驰。另外，康托尔强烈反对在数学领域引入或使用无穷小这一概念。

[3] 约瑟夫·道本，《思想史杂志》，1977 年第 15 期。

出结论这一原则，并且论据的处理也必须按照
同样的方式，也就是被研究课题涉及的数字需
要以同等的准确度进行计算。①

也许是历史上最伟大的数学家卡尔·高斯曾活跃
于康托尔时代的几十年前，他在 1831 年与一位友人的
通信中，提到了自己对实际无穷大的研究：

我十分反对将无限的概念强加于实际存在
上，这在数学领域是不可接受的。无限只是一
种"约定俗成的叫法"，它的真正含义其实是
一种限制，某些比率可以无限接近这种限制，
而其他比率可以不受限制地发散和增长。

在康托尔的主张问世之前，许多数学家认为只有
潜在无限才存在意义，而实际无限没有任何意义，其中
就包括高斯。康托尔于 1883 年对实际无限的研究被视
为一种诅咒。一开始，康托尔根本无法顺利发表他的研

---

① 大卫·伯顿，《数学史简介》，迪比克（艾奥瓦州）：W.C. 布朗
出版社，1995 年第 3 卷。

究成果,并且坚信是克罗内克从中作梗(那句著名的"上帝只创造了整数,其余的都是人类的发现"便出自克罗内克)。这导致了康托尔在 1884 年精神崩溃,之后他在自己任教大学所在城市哈雷的一家诊所里休息调整了一段时间。正如之前提到过的,康托尔从此便不再进行数学研究,转而开始钻研数字系统的起源,并更频繁地与哲学家和神学家深入探讨无限的本质。

尽管大多数数学家都反对康托尔的主张,但是在极具影响力的德国神父、哲学家和神学家康斯坦丁·古特伯雷特(Constantin Gutberlet)的支持下,天主教会反而将其视为上天赐予的珍贵圣物。不过,也有其他一些神学家指责康托尔创造了一种新型泛神论。一方面,变幻多端的无限形式让上帝之无限凌驾于康托尔的无限之塔,这使数学和其他领域对所有次等无限的研究变得合理又合法,还不会挑战神圣无限的独一性。另一方面,康托尔的发现表明人类思想可以掌握和研究各方面的神圣无限。换言之,上帝所有的思想只不过是一个完整的但不会再产生变化的无限,这使得康托尔所主张的无限有可能成为更高等级的无限。

　　数学层面上的无限只是全部无限的一个分支。物理学中同样存在无限（比如大爆炸发生的瞬间或黑洞的中心），或更普遍类似于上帝和宇宙的先验无限。一些数学家和哲学家始终相信存在特定意义上某些种类的无限，而不接受其他类型的无限。表 7.1 总结了一些著名学者关于不同的无限是否真实存在的看法。[①]

表 7.1

	数学无限	物理无限	绝对无限
柏拉图	否	是	否
亚里士多德	否	否	否
戈特弗里德·莱布尼茨	是	是	是
鲁伊兹·布劳威尔	否	是	是
戴维·希尔伯特	是	否	否
伯特兰·罗素	是	是	否
库尔特·哥德尔	是	否	是
乔治·康托尔	是	是	是
阿尔伯特·爱因斯坦	是	否	是
保罗·狄拉克	是	否	是

[①]　由鲁迪·鲁克扩充并修改的《无限与理智》，新泽西普林斯顿：普林斯顿大学出版社，1995 年。

　　数学领域的这一杰出理论突破使康托尔发展了超限算术，它并不认为各种无限是潜在的，而是将其视为真实存在的对象。康托尔规定了一些新奇且怪异的超限算术规则。这些规则针对的是从 $\aleph_0$ 开始的无限，为符号"∞"开始使用之前的学界较为笼统地阐释了无限的含义。

　　例如，我们会发现 $\aleph_0+1$ 以及 $\aleph_0+2$ 实际上与 $\aleph_0$ 相等。当然，为可数集合加上一两个元素其实不会改变其连贯性。但这并不能推导出 $1=2=0$。

　　康托尔相信，这些超限数字和与其相关联的无限都是被发现的，而不是被发明的，这意味着这些概念是真实存在而非人为杜撰的。康托尔相信他的理论来自神的启示。最终，他的研究得以成为数学学科不可或缺的一部分，这要归功于 19 世纪末 20 世纪初伟大的数学家戴维·希尔伯特（David Hilbert）。希尔伯特反对"建构主义者"的理论，认为他们试图通过复杂的限制来圈定数学的研究范围。1926 年，针对这一观点，他尖锐地指出："没有人能将我们从康托尔为我们创造的天堂中驱赶出去。"①

遗憾的是,康托尔在 1918 年去世,无法亲眼看到自己革命性的研究成果对后世产生的巨大影响。

———————

① 戴维·希尔伯特,《超越无限》,收录于《德国数学年刊》,1926 年第 1 期。

第 8 章
哥德尔不完备性定理

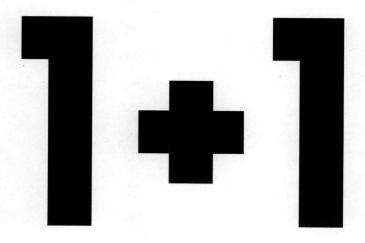

谈论事物和谈论事物的本质是两件截然不同的事。

——库尔特·哥德尔

　　科学和哲学对于物理学领域内一些不可能发生之事的研究由来已久。[1] 亚里士多德认为对物理无限或物理局部真空的观测是不可能实现的。[2] 中世纪时期，一些物理学家曾设计过几个构思精妙的思想实验，试图构想出整个大自然是如何被蒙蔽的，从而使瞬间真空得

---

[1]　约翰·大卫·巴罗，《不论》，牛津：牛津出版社，1998 年；意大利语译版：《论不可能：科学的局限性和关于局限性的科学》，米兰：里佐尼出版社，1999 年。

[2]　约翰·大卫·巴罗，《无之书》，伦敦：乔纳森海角出版社，2000 年；意大利语译版：《从零到无限：关于虚无的宏伟历史》，米兰：蒙达多利出版社，2001 年。

以形成。他们还认为某些自然现象会扰乱真空的形成过程，假如失败了，"宇宙审查员"会被召唤来暂时地阻止这种真空出现。[1]

如今，通过黑洞和宇宙学理论来研究引力的物理学家试图证明，除了在宇宙的开端和毁灭这两个时间点，爱因斯坦的相对论并不支持物理范畴的无限的产生。除非我们认为物理无限可以隐藏在黑洞的范围内，因为在那里它无法对外部宇宙产生影响。

化学领域曾对于将贱金属转化为黄金的可行性展开过冶炼学领域的讨论。而工程学一直对永动机的发明颇为狂热，这种信念直到 19 世纪时热力学定律被提出和系统性解释后才消失得无影无踪。"麦克斯韦妖"是一个有趣的例子，直到 1961 年现代热力学计算理论的应用面世，这个课题才终于得到解决。[2]

---

[1] 爱德华·格兰特，《无事生非：从中世纪到科学革命的空间和真空理论》。这些思想实验早期的形式可以参阅卢克莱修的《物性论》第一卷。

[2] 如需更全面地了解这一课题或其他相关理论，请参阅哈维·莱夫与安德鲁·雷克斯的《麦克斯韦妖》（普林斯顿大学出版社，1990 年）一书。该书经多次再版，收录了众多重要的全局性作品。

　　数学家有时也会发现自己在进行运算、几何和代数的一些基本研究时会遇到涉及不可能性的问题。据推测，大约在公元前 500 年，毕达哥拉斯学派第一次遇到了在当时无法表达为两个整数之比为 $\sqrt{2}$，也就是"无理数"（当时"无理数"的含义为"非分数"，而并非如今语义下"无理"所表达的"超脱理性"）。[①] 传说这一发现还引发了一场惨剧，首先察觉到无理数存在的希帕索斯（Hippasus）被毕达哥拉斯学派的成员残忍地淹死。我们可以通过类似的事例发现，在解决实际问题背后往往还隐藏着一些棘手的麻烦，如果从特定的规则和体系出发，是无法寻求到答案的。19 世纪初期，对一元五次方程（$Ax^5+Bx^4+Cx^3+Dx^2+Ex+F=0$，其中 A 到 F 均为任意常数）的求根需要应用基本运算，比如加法、减法、乘法、除法和求对应次数的根（在这里即为五次）到它的系数。这最终由年轻的挪威数学家亨利克·阿贝尔（Henrik Abel）证明是无解

---

① 肯尼斯·格思里，《毕达哥拉斯原始资料与图书集》。

的。[1] 如今，相当于"数学诺贝尔奖"的阿贝尔奖就以他的名字命名。与二次、三次或四次方程不同的是，五次方程无法通过任何求根公式解决。[2] 在不久之后的 1837 年，人们以严谨的方式证明了仅用尺规无法将 60° 的角三等分。这些例子第一次使人们意识到一些公理系统存在着局限性。

1899 年，在当时被公认为最聪颖的年轻数学家戴维·希尔伯特发起了一个系统性的计划，试图将数学置于形式公理之中。[3] 这一计划在他于 1925 年发表的论文《论无限》中被具体阐述。[4] 希尔伯特认为数学的任意一部分乃至整个数学领域的基本公理都可以被证明是

---

[1] P. 佩西奇，《阿贝尔的证明：一篇关于数学不可解性来源与含义的文章》（剑桥：麻省理工学院出版社，2003 年）一书包含了 1824 年阿贝尔研究发现的细节翻译。

[2] 二次方程的求根公式我们在学生时代就已经很熟悉了：A+Bx+C=0 的求根公式为 $x=[-B \pm \sqrt{(B^2-4AC)}]/2A$。

[3] 请参考杰里米·格雷的《希尔伯特的挑战》（牛津大学出版社，2000 年），此书包含了希尔伯特在 1900 年国际数学大会上的演讲稿。亦可参考 M. 托佩尔，《精确科学史档案》，1986 年第 35 卷。

[4] 戴维·希尔伯特，收录于《德国数学年刊》1926 年第一期的《超越无限》。

一致的，因此由这些公理得出的表述和演绎系统都可以被认为是完备且可判定的。

更确切地说，如果一个系统中不存在矛盾的内容，那么这个系统就是一致的。也就是说该系统中每一个表述 S 都可以证明 S 为真或其否定式 ~S 为假，但不能同时证明两者均为真。

对于一个系统，如果其每个表述 S 都可以证明 S 本身或其否定形式，那我们称这个系统为完备的。

而在一个系统中，如果一种算法对系统中的每个形式化的表述 S 都能够判定是否为可证的，那么这个系统就被称为可判定的。

希尔伯特的数学形式主义观点由一个缜密的推论之网构成，这些推论通过无可挑剔的逻辑关系以基本公理为基础向外延伸。数学则被定义为所有这些推论的总和。希尔伯特在同事的协助下完成了这个数学形式化的计划，他还相信自己可以将这种形式化扩大到物理学等建立在应用数学基础上的学科内。[①] 他从欧几里得几何

---

① 柯里，《精密科学史档案》，1997 年。

着手，并成功将其归纳于严格的公理化基础上。之后，他提倡为数学其他细分领域，尤其是算术寻找公理基础，以便继续扩大他的公理化计划。这些系统的主要准入标准始终不变，即能够证明自身的一致性。

希尔伯特充满信心地使自己的计划迈出了第一步。他相信，随着时间的推移，所有的数学最后都会被包含在这个形式化网格中。这种信念也体现在希尔伯特的墓志铭中。希尔伯特的墓志铭引用了他于 1930 年 9 月 8 日在德国博物学家和物理学家协会的一次精确科学认识论会议上的演讲：

> Wir müssen wissen
>
> Wir werden wissen

这句话的意思是"我们必须知道，我们也必将知道"。这种毫不妥协的直率同样表现在希尔伯特的一些与数学无关的言论中。在讨论罗马教廷对伽利略的审判以及这位来自比萨的科学家无法冲破枷锁从而捍卫自己的科学信仰时，希尔伯特认为伽利略"并不愚蠢"，他提到"只有蠢人才会相信维护科学真理需要殉难"，"殉难对于宗教来说可能是必要的，但科学结论会在恰当的时候得以证明"。[1] 遗憾的是，就在希尔伯特这场信心满满的演讲结束的第二天，在柯尼斯堡一场会议期间的一次小组讨论中，年轻的库尔特·哥德尔就颠覆了世界。

哥德尔很快就完成了希尔伯特计划的第一步。作为自己博士论文的一部分，哥德尔证明了一阶逻辑的一致性和完备性［之后阿隆佐·邱奇（Alonzo Church）和艾伦·图灵（Alan Turing）却证明了这一逻辑是不可判定的］。1929 年，波兰数学家莫伊泽斯·普雷斯勃格（Mojżesz Presburger）证明了皮亚诺算术的加法规则是一致、完备且可判定的，这一结论被称作普雷斯勃格算术。1930 年，来自挪威的索拉尔夫·斯科伦（Thoralf Skolem）完成了对皮亚诺算术乘法的证明。而哥德尔完成的一系列研究则使他成为自亚里士多德之后最具盛名的逻辑学家。与扩充希尔伯特的主张（即证明算术的完备性）来完成既定证明目的的方向大相径庭，哥德尔证明的是相反的情况，也就是在任何一致的系统内，若包含了对运算的陈述，

---

① 雷德与韦尔合著，《希尔伯特》，柏林：施普林格出版社，1970 年。

则一定是不完备的。哥德尔的这一论证几乎让所有人都大吃一惊，因为这彻底摧毁了希尔伯特的主张（还有怀特海和罗素的理论）。

表 8.1　关于不同基本逻辑是否具有系统一致性、完备性和可判定性的总结

理论	是否具有一致性？	是否具有完备性？	是否具有可判定性？	解释
命题逻辑	是	否	是	为有效判定的集合，故一定为真：其为恰当的演绎计算展现形式。其可判定性体现于 P=NP 问题。
一阶逻辑	是	否	否	为有效陈述的集合：其本身即为恰当的演绎计算。可判定性由阿隆佐·邱奇和艾伦·图灵证明。
实数加法与乘法的初等理论	是	是	是	为真的实数一阶表述：其初等性为"一阶形式化"。塔斯基证明了其各项属性。
欧几里得几何	是	是	是	其初等性同样为"一阶形式化"。参考了塔斯基的公理化，通过从实数中推导出其各项属性。

续表：

一些特定的非欧几何	是	是	是	参考了施瓦布豪森（Schwabhäuser）的双曲线和椭圆几何，证明方法和前一项类似。
普雷斯勃格算术	是	是	是	为仅包含加法的自然数一阶运算，在此环境下，为有效陈述的集合。
斯科莱姆算术	是	是	是	此处仅包含乘法运算。
皮亚诺算数	是	否	否	包含加法和乘法运算，格哈德·根岑在恰当的逻辑环境中证明了其一致性。另外两项不具备的属性由哥德尔不完备性定理得出。哥德尔定理还排除了仅基于皮亚诺算术就能证明其一致性的可能。

　　哥德尔的不完备性定理激起了人们的乐观和悲观两种反应。乐观主义者们，比如弗里曼·戴森（Freeman Dyson），认为人类对科学认知的探索不会止步。持这种看法的人至今仍然认为科学研究是人类精神的重要组成部分，如果科学研究有朝一日宣告全部完成，将对人类

产生灾难性的消极影响。另一方面，约翰·卢卡斯（John Lucas）等悲观主义者将哥德尔的理论解读为人类的思想绝不可能了解自然界的全部（甚至可能是较大部分）秘密。[①]

而还有一些人，比如斯坦利·杰基（Stanley Jevons），则以乐观的态度看待这种不完备性带来的阻碍，因为这证明了计算机无法超越人类的思维。[②] 其他一些关于哥德尔不完备性定理的非学术思考也很有趣。例如，如果一种宗教是一个思想体系，其中包含以信仰为名所接受的但无法被科学证明为真的表述，那么这样的话数学不仅是一种宗教，而且还是唯一能够证明自身是一种宗教的科学。

有趣的是，阿贝尔等人早期关于"不可能性"的论证都没能给出对于人类决定性认知能力思考的根源。例如，在阿贝尔的研究中，四次以及更高次的方程是不

---

① 约翰·卢卡斯，《哲学》（1961）、《自由意志》，牛津：克拉伦登出版社，1970年。如需了解该观点的详细讨论和该定理对后世的更多影响，请参阅托克尔·弗兰岑的《哥德尔不完备性定理的应用和滥用不完整指南》，马萨诸塞州韦尔斯利：A. K. 彼得斯出版社，2005年。
② 斯坦利·杰基，《宇宙与创造者》，爱丁堡：苏格兰学术出版社，1980年；《物理学的相关性》，芝加哥：芝加哥大学出版社，1970年。

存在通用求根公式的，但是，通过基本运算（比如加法等等）和方程的系数是可以得出解的。如果使用更有效的求解方法，求根公式也是可以得到的。然而，哥德尔的言论是最根本的。

哥德尔绝对是一个与众不同的人，正如诗人约翰·德莱顿（John Dryden）在 1681 年所写的那样——"智慧和疯狂就像是一对挚友，中间只有一面非常薄的墙壁将它们分开。"①

当我向别人询问普林斯顿高等研究院的一些与哥德尔同时代的工作人员是否认识哥德尔时，他们总是回答："没人认识哥德尔。"一位著名的物理学家告诉我，当他年轻时第一次来到研究院，他非常想向哥德尔请教不完备性定理和一些与量子力学有关的问题。这位物理学家随后通过内部通信系统给哥德尔打了一通电话，在意识到自己会和哥德尔直接对话时，他感到十分惊喜，因为哥德尔没有秘书或助理来干扰他们的通话。哥德尔

---

① 约翰·德莱顿，《押沙龙与阿齐托菲尔》，牛津：克拉伦登出版社，1911 年。

在电话里爽快地邀请他来自己的办公室做客，这位年轻的物理学家对未来的这次见面感到非常兴奋。但在约定的时间到达哥德尔的办公室后，年轻人发现办公室里空无一人，他猜测哥德尔也许是因为有重要工作脱不开身。第二天，在研究院的新人欢迎茶会上，他看到哥德尔独自一人坐在角落里。年轻的物理学家立即上前和哥德尔打招呼并自我介绍，告诉哥德尔自己在约定的时间去到了他的办公室，询问他是否因为其他更重要的事情而不得不爽了约。"恰恰相反"，哥德尔回答说，"我知道只有预约好时间才能确保自己不会和别人碰面。"

明确指出支持哥德尔不完备性证明的精确假设是很有必要的。哥德尔的定理指出，如果一个形式化系统符合如下条件：

1. 递归的；
2. 足够大到包含运算；
3. 一致的。

那么这个系统就是不完备的。

条件 1：必须有一个清晰易懂的公理列表，就像一阶皮亚诺算术那样；

条件 2：形式化系统能够使用加法和乘法运算（两者必须同时满足）来定义自然数，并证明关于自然数的某些基本含义。一阶皮亚诺算术同样满足这个条件。

运算结构在哥德尔的定理证明中起到了支柱作用。数字的某些特殊性质，例如质因数分解，以及高斯成功证明的这种表示方式的唯一性（例如：$130 = 2 \times 5 \times 13$），被哥德尔用来建立了一个关于数学陈述和超数学陈述的重要映射关系。而后者也经常被用作数学表述。

哥德尔充分参考了素数分解定理，为每个逻辑符号都分配了一个编码，用自然数来标记。首先，哥德尔给所有被涉及的符号都指定了代码：比如 "3" 用于指代零；"19" 用于指代等号。在这一点上，一个算式就被拆解为由质因数（2、3、5、7……）表现的形式，并逐个将它们替换为对应的编码。因此 "0=0" 就被改写为编码形式的 $2^3 \times 3^{19} \times 5^3$。这样的话，关于数字的表述就变成了数字本身，将自然数表述以自身的方式展现出来，而非一种有关自然数的推理化表述。在一个既定的系统 S 中，人们可以将一个关于数字的命题转化为一个描述自身且意为"我不能被 S 证明"的表述。这样做的结果是，当且仅当这个表述不是自身时，该表述才能被证明为真。这不禁使人回想起说谎者悖论，简直就像个数学柔术动作！

因此，一阶皮亚诺算术是不完备的，也是不可判定的。

如果我们只取前十个自然数，也就是 0、1、2、3、4、5、6、7、8、9，然后将它们相加并抹去十位数上的数（即每次超过 9 就从 0 重新开始，例如 5+6 得到 11，抹去十位后就回到了 1），这样的话，这个"迷你运算规则"就完成了。这个运算体系实际上是有限的，并且不符合哥德尔定理的第二个条件。

而另一个更令人感到惊讶的事实是关于实数的加法和乘法一阶运算理论的，这涉及的内容明显要比对自然数的处理复杂得多，不过这个理论是完备且可判定的。阿尔弗雷德·塔斯基（Alfred Tarski）在二战期间的研究成功证明了这一点。另外，由于欧几里得几何是用实数及其运算规则来表达的，所以我们可以推断它也是完备的。有人可能会质疑，古典几何的欧几里得平面并不包含任何神奇的特质，因此这是一个难以预测的体系。很好，其实就连曲面的非欧几里得几何都被证明是完备的。

不过，关于完备性和可判定性抽象定理的讨论并没有结束，正如之前讨论的实数和几何定理那样。一个可以区分真假的方法，也就是一阶实数理论的决策算法，在实践中可能需要漫长且曲折的验证过程。但是，1974 年提出的费舍尔 – 拉宾定理指出，任何用于证明实数之间的加法和乘法（甚至只是实数之间的加法）为真陈述的算法在做出回应之前都需要若干时间。而在最不理想的情况下，回应所需的时间会随着表述内容的长度增加呈指数级增长，最终达到令人望而却步的时长。

更糟糕的是，看上去平平无奇的只包含加法的普雷斯勃格算术是完备且可判定的。然而在最极端的情况下，与所讨论表述语句的长度相比，任何决定表述的算法运行起来都需要花费双指数级的时间。因此，这甚至需要比实数的情况多得多的时间。证明这一结论的仍然是费舍尔（Fischer）和拉宾（Rabin）二人。

正如之前提到的那样，许多物理理论都以实数或复数为基础。在这种抽象的环境中，基于此类数字集合的运算操作可以得到相当丰富的结果。所有这些特质使得物理理论不会遭遇不可判定性带来的尴尬。阿尔弗雷德·塔斯基与其合作者［其中包括他的学生汪达·斯米勒夫（Wanda Szmielew）］共同论证了物理学中使用的多种数学系统都是可判定的，比如晶格理论、射影几何和以阿贝尔命名的阿贝尔群。然而，其他一些被使用的数学系统，比如群论，是不可判定的。[①]

　　到这里，数学发展史上的伟大篇章也就暂时告一段落了。当然，数学研究绝不会停步，它还将持续对物理学、信息技术以及人工智能领域产生重大影响。

----

① 阿尔弗雷德·塔斯基，安杰伊·莫斯托夫斯基，拉斐尔·罗宾逊，《不可判定理论》，阿姆斯特丹：北荷兰出版社，1953 年。

第 9 章
为什么 1 和 2 如此常见?

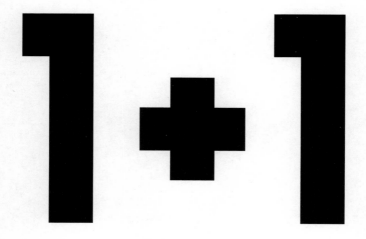

当我们赢了球，球队主席会喝掉一瓶香槟。当我们输了球，他会喝掉两瓶，假装我们赢了球。

——博比·罗布森（Bobby Robson）[1]

当我们将数字应用于任何一种场景时——无论是会计、课堂教学、银行业务、民意调查，还是工程规划、体育数据统计或组织一场旅行——都会出现这样一种情况，那就是我们接触到的数字大多是由 1 和 2 开头。我们平时也许并不会注意到这种简单却有趣的奇特数学现象。这一现象由美国天文学家西蒙·纽康在 1881 年

---

[1] 博比·罗布森是英格兰男足国家队前球员和纽卡斯尔联队前经理。这段话引自 2016 年 2 月 2 日发行的《独立报》上克里斯·麦克格拉斯的一篇文章。

首次发现。[①]1938 年，工程师弗兰克·本福特（Frank Benford）也观察到了这种现象，并由此发展出了一条定律。为了纪念他，现在我们称之为本福特定律。

纽康和本福特都注意到了，许多在传统理念中应当以随机数形式出现的数字，比如湖泊的面积、棒球比赛的比分、2 的幂值、杂志文章中的数字、恒星的位置坐标、价目表、物理常数、商业收入等等，都指向了一个与"首位数"相关的概念。在这些数字的首位上，0 到 9 的出现概率在统计过后，呈现出如表 9.1 所示的规律。[②] 正实数的"首位数"指的是其十进制表示形式中的第一个有效数字，例如 0.01382 中的 1。

---

① 西蒙·纽康，《美国数学杂志》，1881 年第 4 期。

② 这适用于带有维度的数量，比如面积。实际上，纽康和本福特发现的首位数数字分布概率拥有通过调整数量大小以获取新位数从而保持不变的特性。不变性条件，即首位数分布满足 $P(kx)=f(k)P(x)$，其中 k 为常数，$f(k)$ 是 k 的函数，使 $P(x)=1/x$ 和 $f(k)=1/k$，并仅选择纽康–本福特定律的分布，具体形式为 $P(d)=[\int_d^{d+1}dx/x]/[\int_1^{10}dx/x]=\log_{10}[1+1/d]$。

表 9.1　根据本福特定律,各种类型数据中十进制多位数字的首位上 0 到 9 出现的概率

数字	该数字出现在首位的概率
0	
1	30.10%
2	17.62%
3	12.49%
4	9.69%
5	7.92%
6	6.69%
7	5.80%
8	5.12%
9	4.58%

　　在我们的认知中,从 1 到 9 这九个数字出现在首位的概率应当是相同的,概率约为 1/9,也就是 11.1%(这样的话它们的出现概率相加之后的总概率恰好近似 1)。然而,纽康和本福特发现,在相当多的日常生活中出现的数字样本中,首位上的数字倾向于遵循一个更简单的概率定律,可以被表示为 $P(d)$,其中 d 为 1 至 9 之间

的数，具体表现方法如下所示：

$$P(d) = \log_{10}(d+1) - \log_{10}(d)$$

$$= \log_{10}[1+1/d]$$

$$d = 1, 2, 3 \cdots\cdots 9$$

经过计算，我们可以得到和表 9.1 极其近似的结果：

$P(1) = 0,30$

$P(2) = 0,18$

$P(3) = 0,12$

$P(4) = 0,10$

$P(5) = 0,08$

$P(6) = 0,07$

$P(7) = 0,06$

$P(8) = 0,05$

$P(9) = 0,05$

数字 1 是最有可能出现在首位上的，其出现概率约为 30%，远超 1/9——也就是约 11% 的出现概率。通过一些略显复杂的方法，我们可以得到 $P(d)$ 的公式，

它为我们指出不同数字出现的概率均匀分布于对数尺中
（如图 9.1 所示）。此外，如果将底数从 10 变为 b，那么
纽康 - 本福特公式中唯一发生变化的是 $P(d)$ 公式中
对数的底数也从 10 变为了 b。所以，对于二进制运算
（$b=2$）来说，一切都非常简单。二进制中唯一不以 1 开
头的数字就是 0，$P(1)=\log_2(2)=1$，这也就印证了，
二进制中，首位上有效数字为 1 的概率确实是 100%。

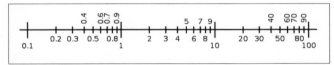

图 9.1　此为数字的对数尺（如果我们在这条线上随机选择一个位置 x，
在约有 30% 的情况下，x 首位上的数字为 1）

　　为什么在首位数上，越小的数出现的概率越高呢?
尤其是 1 和 2。理解这个现象其实并不困难，我们以 1、2、
3、4……9、10、11……19、20……99、100、101……
这一范围为例，如果我们只取前两个数，1 和 2，那么
显然第一个数字为 1 的概率是 1/2。如果我们取 9 以内
的所有数字，则概率 $P(1)$ 就下降到了 1/9。不过，当
我们来到下一个数字 10 后，首位数为 1 的概率又会上

升到 1/5，因为 1 和 10 这两个数字都以 1 开头。如果我们再扩大范围到 11、12、13、14、15、16、17、18、19，P（1）一下子就达到了 11/19。如果我们将范围继续扩大到 99，在新加入的数字中我们找不到任何以 1 开头的数字，并且 P（1）数值开始变小，也就是在从 1 到 99 的数字范围内，P（1）=11/99。但是，当我们的范围到达 100 时，直到扩大到 199，首位数为 1 的概率必然会大幅增加，因为 100 到 199 之间的每个数字都以 1 开头。

同理的是，P（1），也就是我们看到首位数为 1 的概率在数字达到 10、100 或 1000 等级别后呈锯齿状波动。纽康 – 本福特定律体现出了 P（1）概率平均值的锯齿状波动趋势，其具体概率约为 30%，这与 P（d）公式所预测的一致。

当我们了解到纽康 – 本福特定律是如此普遍地存在于日常生活中，我们也许会感到吃惊。这一定律已被应用于识别潜在的可疑纳税申报单。如果申报单中的数额是由随机数生成器生成或由人工编造的，而非真实的税费数据，那么这些数额往往并不符合上述定律。1992 年，辛辛那提大学博士生马克·尼格里尼（Mark

Nigrini）将这一判断方法引入商界。[1] 布鲁克林地区检察官办公室的首席调查员使用尼格里尼的方法回查了之前七宗已结案的证券欺诈案的书面数据，在不使用此前已掌握线索的情况下，成功发现涉案数据的确存在问题。这种方法还曾被用于比尔·克林顿（Bill Clinton）的纳税申报。经检查，美国总统的申报单没有任何可疑之处。不过，这一方法的缺陷是如果我们将数字进行了系统性的四舍五入，那么原始数据就产生了偏差，审查结果也会变得不准确。

尽管纽康 – 本福特定律无处不在，但它不适用于世间万物，也并非物理学公认的自然法则。[2] 人类的身高或体重、智力商数、电话号码、门牌号、彩票中奖号码都不遵循纽康 – 本福特定律。那么，面对一组数字，

---

[1] 马克·尼格里尼于 1992 年的辛辛那提大学博士论文：《通过数字分布分析寻找所得税逃税行为》。

[2] 纽康 – 本福特定律的发现恰好解释了任何具有分布概率 $P(x)=1/x$ 的形成过程，其中 x 的取值范围为 0 和 1 之间。如果分布概率仍为 $P(x)=1/x$，但若 1 变化为其他数字，那么结果就会不同，首位数为 d 的概率变为 $P(d)=(10^{1-a}-1)^{-1}[(d+1)^{1-a}-d^{1-a}]$。如果 $a=2$，那么 $P(1)$ 的概率就成了 56%。

在什么条件下我们才能对其首位数展开讨论呢？

首先，对象数据只能涉及同一种类的数量，比如不能将湖泊的面积和税号混为一谈。数据不能对最大或最小的数额加以限制，门牌号通常就不符合这种情况。最后，这些数字不能由任何特殊编号系统指定，比如邮政编码、门牌号、护照号和电话号码等等。

此外，数字的序列分布应当保持足够均匀，不能在某个特殊数字处出现高峰。而最重要的是这些数字需要跨度较大，也就是涵盖不同的位数（两位数、三位数或四位数），并且序列分布曲线要足够宽阔且平坦，要避免在某个特殊的均值周围出现极大波动。图 9.2a 和 9.2b 以图表形式解释了这些要求。在绘制概率分布图时，这意味着对于一定范围内的结果，曲线下方区域的大小主要是由分布的宽度决定，而非其高度（如图 9.2a 所示）。如果高峰周围的分布相对较窄，如图 9.2b 中呈现的成年人身高数值分布频率那样，那么这些身高数值的首位数数字分布概率就不遵循纽康－本福特定律。不过，这仍然不能解释纽康－本福特定律为什么随处可见，因为它无法解释具有自然特征和人类特征数据集的普遍存在。

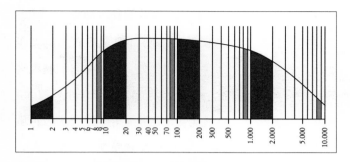

图 9.2a 以对数尺显示的变量对数分布概率。此图展现了纽康 - 本福特定律中关于首位数的分布规律

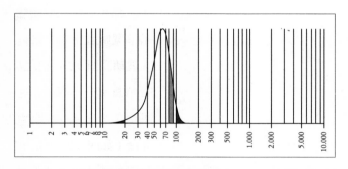

图 9.2b 以对数尺显示的以某峰值为中心的变量对数的分布概率。此图无法展现纽康 - 本福特定律中关于首位数的分布规律

纽康有一次突然发现在自己的一本含有对数表的书中，关于第一对数字的那几页比后面其他页的磨损要

更严重，这使他首先意识到了这种与较小数字有关的现象。这无疑是一项了不起的发现，它告诉我们，即使在今天，较小的数字也拥有特别之处，那就是它们被大量地应用在我们的日常生活中。我们已经认识到，在以后也应当一直牢记，随机生成的数字应该包含 1 和 2，虽然理论上有 11% 的概率这两个数字都以首位数的形式出现，但是纽康和本福特指出了 1 在首位数的概率约为 30%，而 2 在首位数的概率约为 18%。与其相反的是，大于 4 的数字出现在首位的情况要小于 11% 的期望概率，大家可以自己找一些例子来试一试。

第 10 章
数学到底是什么？

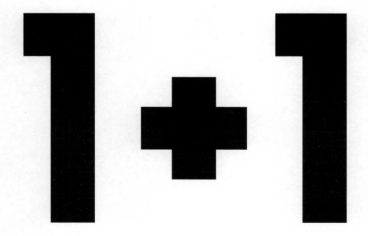

生物学家认为自己是生物化学家，生物化学家认为自己是化学物理学家，而化学物理学家又认为自己是物理学家；物理学家认为自己是上帝，上帝却认为物理学家是数学家。

——佚名[1]

在这本书里，我们已经对数学展开了一系列的讨论，涵盖了不同的主题。但是数学到底是什么？如果我们问历史学家什么是历史或者问化学家什么是化学，他们几乎都可以立即给出明确的答案，但是数学家一直在为这个问题绞尽脑汁，即使这个问题与他们的具体工作

---

[1] 详情请见：http://math.utah.edu/~cherk/mathjokes.html.

内容无关并且他们中的一大部分根本不在乎这个问题的答案。不过，在闲暇时光里，数学家们可能偶尔在和非数学专业的朋友们聊天时提到这个话题。除了少数个例外，这个话题已经成为一些数学哲学家的钻研方向。那么数学到底是什么呢？有这样四个主流答案：

第一个答案被称为数学柏拉图主义，其灵感来自柏拉图的理念，将可见事物视为存在于另一个世界中理想完美原型的部分不完美体现。从这个角度来看,集合、曲线、指数和数字等数学研究对象都是先前已经存在的，人类只是发现了它们，而非发明了它们。这就是数学家在进行数学研究时经常会引发的个人思考。当数学家成功找到解决一个老问题的新方法时，他们更倾向于认为自己通过个人的努力和直觉发现了实际已经存在的知识。如果我们认真深入研究，就会开始意识到这种哲学思考里一些让人感到好奇的方面。这种哲学思考对应的是一个规范的、理想化的、人为建成的世界，日常生活中的事物发展会参考这个世界的规律，但我们这些被限制在柏拉图洞穴底部的可怜凡人无法与其直接互动。亚里士多德曾宣布自己不接受这种观点，因为他相信内

在形式才是世间万物的本质，认为柏拉图的主张会导致
无限的倒退：

> 如果人之所以为人是因为与人类这一永恒
> 的理想原型具有一些相同点，那么在不考虑存
> 在另一种原型的情况下，如何解释人和人类彼
> 此相似的事实呢？随着越来越多理想世界的倒
> 退，难道同样的道理不能推断出第三、第四、
> 第五乃至更多的原型是必要的吗？

当我们想将三角形或平行线的不完美设计视为对
真实和完美的原始"理想"的部分体现时，不禁会发现
另外一个问题。究竟这些是完美原型的特殊且不完美的
体现，还是不完美原型的一种完美的体现？任何客观存
在的数学对象或许都存在于柏拉图理想形式的"天堂"
中，静待我们去探寻和掌握。

柏拉图哲学在基督教传统中开花结果。在基督教
传统中，上帝被认为是全能的宇宙法则创造者。而数学
是上帝智慧的一部分，也是宇宙终极真理的一部分，被
视作最能接近真理基础的学科。在数学家发现欧几里得

几何学以外的其他几何学和亚里士多德逻辑学以外的其他逻辑学之前，数学即宇宙。任何讨论希望人类神学干涉宇宙终极真理的批评都被驳斥了，这恰恰使得通过欧几里得几何掌握至少一部分真理成为可能。数学家们在实践和工作中倾向于将这视为真理，尽管他们可能不会努力捍卫这样一种具有可操作性的哲学。柏拉图主义是关于数学的一种现实主义形式，一开始我们会认为它的内容清晰而简单，但当我们试图深入理解它时，它却变得相当复杂。[①]最著名的柏拉图主义数学家包括弗雷格、哥德尔、康托尔、威拉德·冯奎因（Willard Van Quine）和罗杰·彭罗斯（Roger Penrose）。

小结一下，数学柏拉图主义认为数学对象（如数字 1 和 2，或者算式 1+1=2）是抽象的存在，无法对现实产生任何实际作用。另外，数学对象独立于任何能够对它们展开思考和讨论的智慧而存在。数学对象是客观存在的一部分，无论我们对它们的看法如何。这样的

---

① 关于该问题更全方位的解释，请见：https://plato.stanford.edu/entries/platonism–mathematics.

话，我们可以期待外星文明也能发现与人类所掌握的数学内容相似的数学——或许这种数学是以外星语言表达的——由于外星人可能一共只有 8 根"手指"，所以这种数学也许是"八进制"的！事实上，近几十年来天文学家一直在使用射电望远镜进行着寻找地外文明的 SETI（Search for Extra-Terrestrial Intelligence，搜寻地外文明）计划，这一计划基于人类已经掌握的数学和物理学领域的普遍真理。我们相信，如果地外高等文明有能力发送或接收到信号，他们也可以探寻出这些真理。

对于在中世纪欧洲盛行的数学柏拉图主义的一种替代方案是被称为数学形式主义的哲学。我们在此前的一些章节里已经对其有了初步认识。在不同主张的几何学和逻辑学蓬勃发展的情况下，数学形式主义应运而生，在这种主义的真理中，数学是独一无二的。弗雷格、皮亚诺、罗素、怀特海和希尔伯特等数学家都试图从一组不证自明且无内在矛盾的公理中推导出全部的数学。对于他们来讲，数学真理或者所谓的数学之"存在"只是简单地意味着数学系统内部的一致性。他们对数学与物理世界现实之间的任何关联都不感兴趣。数学就像是一款"游戏",就像国际象棋和生命游戏 [由英国数学家约翰·康威(John Conway)设计,是一种基于细胞培养基本原理的元胞自动机] 那样,具备一定规则和初始条件。我们已经回顾过皮亚诺是如何在算术条件下实现这种程序的。数学被简单地归结为"游戏界面"中从起始点出发后得到的一组位置,这些位置在"游戏"之外"没有任何意义"。

希尔伯特认为,如果可以证明所有被允许达到的位置(定理和公式)都可以从初始位置开始并通过有限的移动次数到达,那么就可以确定,界面上的某种布局,是否可以从初始条件出发,按照既定规则通过连续移动而得出。因此,界面上的每个布局都可以被唯一地认定是否为某种"定理"。当然,我们还需要检查是否出现了不一致的情况,也就是从规则中是否可以同时推导出某种命题及与其完全相反的命题。凭借这样的不一致,我们总是可以证明 1=2。希尔伯特信心满满地认为自己的方法是可行的,但他没有意识到自己错得有多荒谬。如今,我们已经了解到,哥德尔证明了他的目标是无法实现的。当一个逻辑系统达到算术的复杂度时,就无法

满足希尔伯特的主张，就好像当你看到国际象棋棋盘上
棋子的某种合规布局，但没有任何先前的布局可以演化
为你眼中看到的这种。所以说，国际象棋也存在着令人
难以捉摸的奥秘，虽然和数学真理不完全相同，但是也
相当接近。

很多数学家，尤其是那些纯数学家，都是形式主
义者。他们并不关心自己的数学结构在科学领域或者
现实世界的可应用性，而是像赫尔曼·黑塞（Hermann
Hesse）的《玻璃球游戏》（Das Glasperlenspiel）里的
主人翁一样沉浸于探索庞大数学结构的复杂性。对于形
式主义者而言，数学是一种发明，而非发现。我们建立
起一些规则，然后探索公理系统内的结果。而那些被推
断出的内容只存在于我们的脑海中，当然也可以被记录
在书本或黑板上。

数学哲学的第三股势力是建构主义，其中也包括了
直觉主义。19 世纪时，德国数学家利奥波德·克罗内
克和荷兰数学家鲁伊兹·布劳威尔（Luitzen Brouwer）
是这种观点最忠实的捍卫者。我们已经认识到他们的观
点是如何与康托尔的主张相冲突的，康托尔的无限需要

被寄托于柏拉图式的天堂。建构主义减少了数学真理概念可能发生的向外延伸。只有那些遵从构造规则，且可以通过有限数量的步骤循序推导出来的陈述才被认为是"真实的"。这是一个比柏拉图主义者所信奉的传统数学更狭隘的观点，它摒弃了所有"非构造性"的传统证明方式，因为这种证明方式中数学对象的存在与其如何被一步一步地构造和最终表现的形式均是无关的。建构主义者试图禁止这种证明方式，因为他们担心这会使得一些逻辑矛盾渗透到数学中并导致整个学科的崩溃，正如希腊人害怕在他们的数学体系中引入"0"这一概念（希腊人认为 0 代表无物，所以无物怎么可能代表某个事物呢？）。建构主义者无法接受先设定一个为真的假设，并根据该假设推导出矛盾，从而证明该假设不成立的过程。然而，这正是在现代数学语言描述下，欧几里得在公元前 4 世纪时提出的一种优秀的证明推导方法。

欧几里得曾试图证明质数的数量是无限的。他首先假设这个表述是错误的，所以质数可以被减少到有限的数量，即从 P_1 到 P_n。令所有质数相乘再加上 1 的结果为 Q，可以得到 $Q=P_1 \times \cdots \cdots \times P_n+1$。对于 Q，存在两种可能性：

如果 Q 是质数：但它显然不等于 P_1 到 P_n 之间的数，所以 Q 为一个新的且更大的质数；

如果 Q 是合数：若它有一个质因数 q，那么这个质因数 q 必定是一个新的且更大的质因数，因为 Q 被 P_1 到 P_n 的任何一个质数除都余 1，而质因数 q 可以整除 Q，所以 q 不在 P_1 到 P_n 之列。

这样的话，我们已经成功证明，如果质数的数量是有限的（通过假设存在着一个最大的质数），那么就会出现逻辑矛盾。

下面的两个例子具体展现了欧几里得对于两种可能性的分辨：

假设我们认为 2、3、5 即为全部的质数，那么在我们的想法中，5 就是最大的质数。我们可以构造出 $2 \times 3 \times 5 + 1 = 31$，31 也是质数，我们就直接得到了一个新的且更大的质数。

相反，假设我们认为 2、3、5、7、11 和 13 为全部的质数，那么 13 就是最大的质数。同理，我们得到 $2 \times 3 \times 5 \times 7 \times 11 \times 13 + 1 = 30031$，虽然该结果不是质数，

但是它有 59 和 509 这两个质因数，这两个质因数也是新的且更大的质因数，也与前提条件不同。

值得注意的是，欧几里得的论点可以通过建构的方法被轻松地转写为：从任何有限的质数集开始，按照先前提出的步骤可以准确地产生一个新的更大的质数。

建构主义从未真正在数学家圈子中受到广泛认可，尽管从形式角度来看，它绝对是一种有效的认知态度，因为在其规则体系中很少的理论可以自证为真。而一系列令人感到兴奋的数学发展进程实际上超出了建构主义的范围，比如康托尔关于无限的理论。有这样一种奇妙的比喻：这就像在处理数学问题时将一只手绑在背后。然而，在 20 世纪 50 年代中期，计算机程序成了建构主义方法在数学领域的一项重要应用，这种数学哲学在新环境下如鱼得水。事实上，这种形式化的思想并不在意数学与物理世界之间的关联，智力建构才是它全部且唯一的志向所在。

建构主义在现代环境下演变成了社会建构主义，这是一种将数学当作社会建构的视角，认为人们掌握的客观知识是集体知识和社会互动发展的成果。这种数学并非基于具体法则或定理集合，而是类似于一套法理性知识体系，就像一个国家及其宪法的全部解释，或者像宇宙学研究那样。社会建构主义可以被视为存在于许多思想中的知识汇总，当这些知识被多数数学家接受时，这一主义就会成为数学宝库的一部分。[1]

最后要介绍的一种数学哲学是结构主义。这是我个人认为最有用的一种数学哲学，它主张数学是事物之间模式或关系的集合，而非数字或其他事物本身。我们经常听到这样的抱怨，有的人对数学的无处不在感到十分困扰，因为数学几乎存在于宇宙中所有事物的实践和运行方式中。事实上，数学在物理学、天文学和工程学领域有着举足轻重的地位，而在社会学、心理学和其他人文科学中并没有极其特殊的作用。我个人认为，数学应当是所有可能模型的集合：其中有些在世界的运转中是非常明显的，例如行星的轨道、对称性或物质基本粒子之间相互作用的模型；而在其他环境下并没有那么显

---

[1]　保罗·欧内斯特，《社会建构主义，一种数学哲学》，奥尔巴尼：纽约州立大学出版社，1998 年；鲁本·赫什，《数学到底是什么？》，伦敦：佳酿出版社，1998 年。

而易见，比如复数；至于其他一些数学内容，比如康托尔的高阶无限，迄今为止还没有发现自然界是如何体现这种理论的。

从一个角度看，数学对于物理学中的规律和结论的描述也是全方位的。如果宇宙中不存在模型，那么也就没有人类的诞生。因为那样的话，宇宙只不过是不含有任何结构的完全真空。如果模型是存在的，那么就必须由数学家来对它们进行解释。[①] 然而，这并没有为物理学家尤金·维格纳（Eugene Wigner）提出的"数学在自然科学中不合理的有效性"之谜给出答案。[②] 虽然数学如何描述自然世界的形式可能就像它如何描述其他所有可能存在的形式一样让人提不起兴趣，但这仍然是一个谜团，为什么如此少的相对简单的模型可以凭借极

----

① 即使并非所有的数学定理都可以在图灵环境下被成功运行，世界仍然是数学性的。只不过，我们掌握的非构造性定理并不能用于生成能够处理我们所见内容的算法。

② 尤金·维格纳，《数学在自然科学中不合理的有效性》，发表于1960 年的《理论与应用数学通讯》。除了这个著名的陈述，我们还可以在一个更深层次的领域展开探讨，即"数学在社会科学和政治科学中不合理的无效性"。

为丰富的结果和强大的作用来描述和理解无垠的宇宙？我们如今清楚地意识到，宇宙是如此复杂，是一种远远超出人类理解能力范围的复杂。保罗·狄拉克（Paul Dirac）的这段话可谓趣味横生：

> 数学家的游戏规则是他们自己发明的，而物理学家的游戏规则是由大自然制定的。但随着时间的推移，真正使数学家们感兴趣的规则正是那些大自然所设定的。①

令人惊讶的是，我们会发现，对身边世界的认知和了解对我们来说通常是一项挑战。人类智力的进化环境在许多方面（并非全部）的复杂性与我们的思维相当。我们能做到容纳不同的思维模式，并本能地将它们当作保障我们生存价值的工具。当这种敏感性转移到具体而又抽象的数学世界，对于数学模型以及自然法则的研究正起始于像"1+1=2"这样简单的观察和思考，而这种探索仍将无尽地进行下去。

---

① 保罗·狄拉克，《爱丁堡皇家学会议事录》，1938—1939 年。

出 品 人：许 永
出版统筹：林园林
责任编辑：吴福顺
装帧设计：墨 非
版式设计：万 雪
印制总监：蒋 波
发行总监：田峰峥

发　　行：北京创美汇品图书有限公司
发行热线：010-59799930
投稿信箱：cmsdbj@163.com

创美工厂
官方微博

创美工厂
微信公众号

小美读书会
公众号

小美读书会
读者群